JN163249

甲斐犬の神髄、ここにあり。

甲斐犬とともに歩んで七十余年。
その実践の粋を集めた〝甲斐犬飼い五代目〟の記。

雨宮精二

和器出版

甲斐犬と甲斐の国

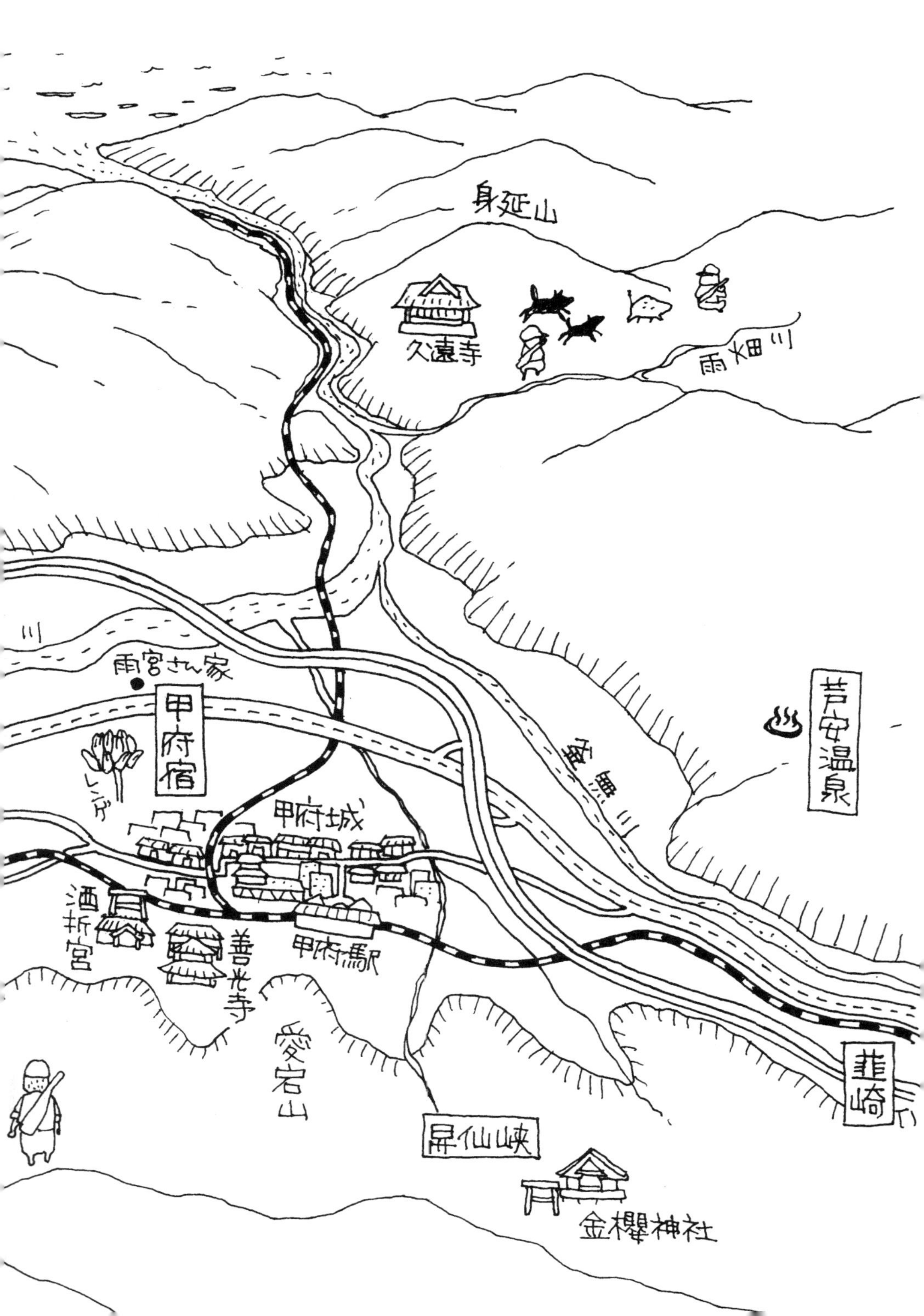
身延山
久遠寺
雨畑川
川
雨宮さん家
甲府宿
レンゲ
芦安温泉
釜無川
甲府城
酒折宮
善光寺
甲府駅
愛宕山
韮崎
昇仙峡
金櫻神社

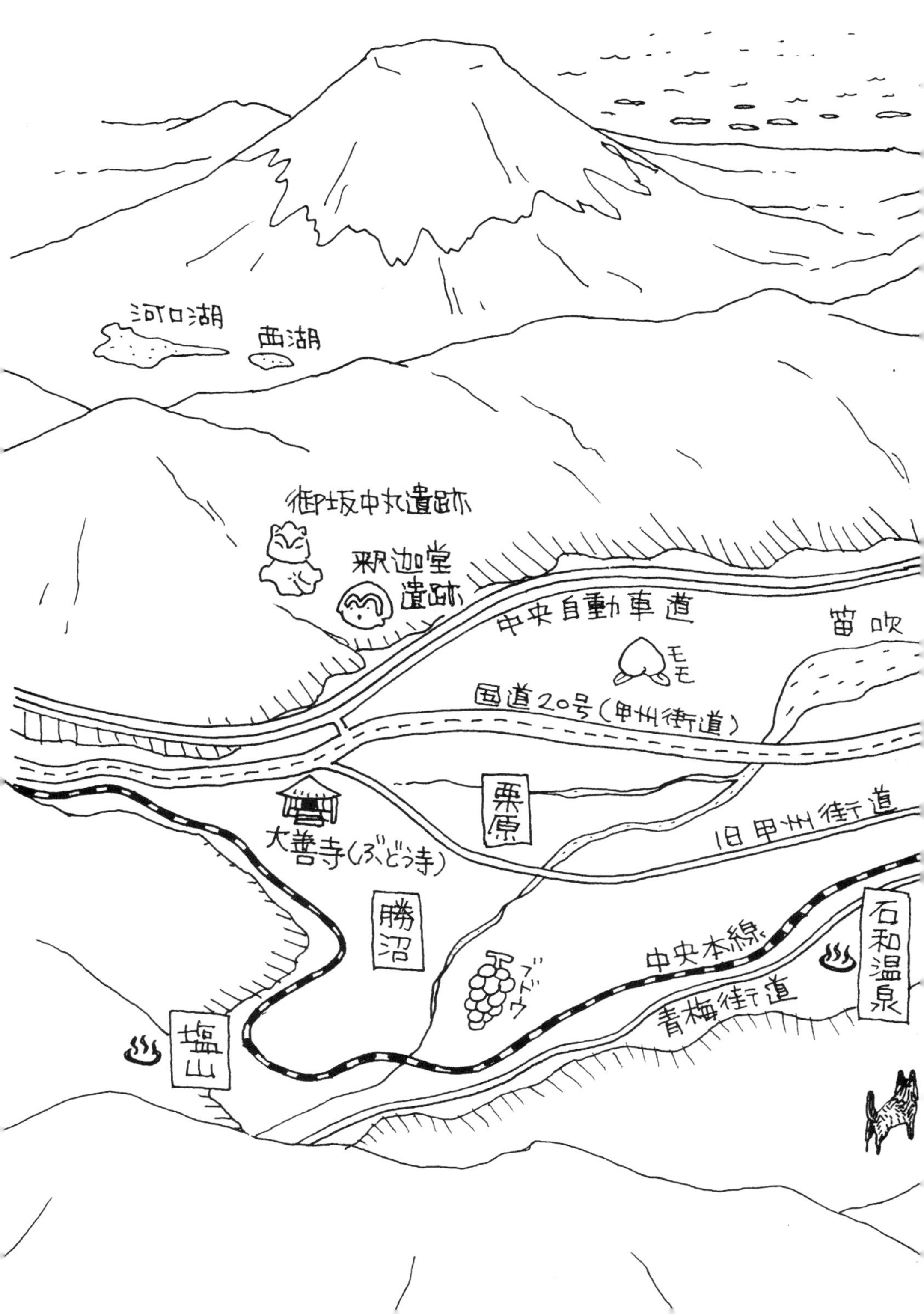

河口湖
西湖
御坂中丸遺跡
釈迦堂
遺跡
中央自動車道
笛吹
モモ
国道20号(甲州街道)
栗原
旧甲州街道
大善寺(ぶどう寺)
勝沼
中央本線
石和温泉
ブドウ
青梅街道
塩山

刊行に寄せて

七沢賢治

現代人が忘れかけている「野生との付き合い方」を教えてくれる

犬と人が一万年の時を超えて出会ったのかもしれない——というと奇異に聞こえるかもしれませんが、甲斐犬と本書の著者である雨宮精二さんは、どこか縄文的と呼びたくなるような古風な資質を合い持つ同士、ふっとそんなことを思ってしまうのもお許しいただけるのではないでしょうか。

このたび、甲斐犬の作出と飼育に並々ならぬ情熱を注いでこられた雨宮精二さんのはじめての著作の完成をこうしてみなさんにお伝えできることは、この時を待望してきたもののひとりとして、本当に嬉しく、応援をしてくださった方々にかわりまして、心よりお祝いを申しあげます。

著者ご自身が記されているように、わたしも雨宮さんの背中を押して、心血を注いできたその経験の粋を書くようすすめてきたひとりです。雨宮さんがこの本の構想にはじめて取り掛かったのは、二十年以上前のことだと記憶しています。

雨宮さんはわたしより年は上ですが、同じ甲府の生まれです。地元の先輩後輩という地の縁に加え、家と家、人と人をつなぐ縁も少なからずある、いってみれば指呼の間の間柄でしたから、二十数年前のはじまりからここに至るまで、雨宮さんが日々たゆまぬ探求をされてきたこと、その日々の結実として、「甲斐犬の髄を知る」と題して記された最初の一文字が、いつの間にか、ひと抱えもあろうかという原稿用紙の束になっていたこともよく承知しておりました。

敬意を込めてあえて率直に申し上げれば、本業がありながら、というより、むしろ甲斐犬の研究をするために本業をなさっていたような、そんな無償の情熱のあり方ではなかったかと思います。

「自然に任せる」の一言に凝縮されたもの

そうした姿から、わたし自身も多くの示唆をいただいたことを、改めて思い返しております が、雨宮さんの甲斐犬に対する思いのかけ方、その付き合い方から教えられ、ある意味必然のようにたどり着いた場所のひとつは、人と犬がかつてどのように出会い、長い間どのような関係を結んできたのだろうか、ということへの省察でした。

本書でも触れられておりますが、世界中に広がる犬種の中でも、犬の祖である狼の資質をもっとも色濃く引き継いだ犬ではないか、といわれているのが甲斐犬です。狼の資質を色濃く引き継ぐとは、言い換えれば、「野生を失っていない」ということだろうとわたしは考えますが、雨宮さんの甲斐犬との付き合い方はまさにこの「野生との付き合い方」のお手本ではないかと思うのです。

本書の中でそのことをよく示す例は探す間もなく随所に見つかりますが、ひとつあげるとするなら、出産という大事に際しての雨宮さんの姿勢にその端的な姿を見てとることができます。たとえ予定日通りにいかず難産になったとしても自分は決して手助けをしない、結果はどうあれ最後まで自然の力に任せてきた、と言い切っておられます。

人が手をかけること、それが動物に対する愛情深い付き合い方である。そう思い込んでいる現代の多くの人の目には、無慈悲に映るかもしれないやり方ですが、その実はむしろ逆のことであろうとわたしは思います。

甲斐犬の祖の源流はおそらく縄文の昔にまで遡るものだろうとわたしは見ていますが、その大昔から彼らがいのちの源泉として代々引き継いできたのが「野生」です。これがあるがゆえに生き延びてこられたという意味で、「野生」は決して野蛮で蔑むべき本性ではなく、むしろ「野生の高貴さ」とでもいうべき力ではないか。それを自分は尊重するのだ、という信念を雨宮さんは「自然に任せる」という一言の中に凝縮させている。その信念があるがゆえの「自然に任せる」ということだと、わたしには響いてきます。

人が安易に野生の手助けをすることで失われるものは何か。甲斐犬が野生を失うということは、人にとってはどんな意味を持つことなのか。

そうした問いかけを、甲斐犬の飼育、作出の徹底した実践を通じてされてきたのが「雨宮精二」という一犬飼いなのだ、そうわたしは思っているのです。

誇り高き「犬飼い」の継承者として

犬飼いといえば、「犬飼い者」という、ややはにかみながらの自己紹介を雨宮さんは冒頭でされておりますが、実は、縄文時代から「犬飼い」という、仕事とも、身分ともいえるようなものはあったのです。相手はいまよりははるかに強く野生を宿していたであろう太古の犬です。その野生のみなぎった犬たちを、主従関係に置いてしばりつけるのではなく、相手の自由を尊重し、対等に扱うことでその野生の力を存分に引き出し（それが優秀な猟犬になるということです）、しかし同時に、人の命というものに対しては忠実であること、これが犬たちのもうひとつの本性となるように教え込んでいく仕事――それが縄文の人々にとっての「犬飼いの仕事」、誇り高い仕事であったに違いありません。

雨宮さんはまさにそのような意味で、太古から続いてきた誇り高い「犬飼い」の仕事を継承している方なのだと思います。現代人が忘れかけている、野生の意味、野生との付き合い方を身体を通して伝えようとしている、とわたしには映ります。

昭和の前期、いまは旧甲州街道と呼ばれる道沿いで、元気に走り回っていたブチ毛（甲斐犬の祖となった犬です）の姿と遭遇した記憶が原点となり発火点となって、雨宮さんの中で太古からの「犬飼い」の血が蘇ったのかもしれない――冒頭で、「犬と人が一万年の時を超えて出会った」と申し上げたのも、こうした思いの連鎖があってのことでした。

はるかな縄文の空と野山のような

雨宮さんが研究してきた甲斐犬の髄というものは、太古から人類が犬とともに研究してきた知恵、叡智ともいえるものだから、必ず文字にして残し、後世に伝えるべき――。

これは二十数年前、雨宮さんとわたしとの間で交わされた約束です。

その約束をはたした雨宮さんの原稿が、このたびわたしが顧問を務める和器出版株式会社を通じて世に出ることになったことで、わたし自身も長年の約束を果たせたような気持ちでおります。しかし、今回の出版をいちばん喜んでくださっているのは、あるいは、雨宮さんの奥様の節子さんかもしれません。

節子さんには、我が家の長女と次女がまだ幼かった一時の間、ちょうど忙しさの最中にあったわれわれ実の親二人になりかわり、乳母役をお願いしたことがあります。まったくご迷惑なことだったろうと思いますが、その後すくすくと若竹のように育った子どもたちの成長ぶりこそ、節子さんの篤実温厚な人柄と、虚飾のない人間性を物語るものです。積年の御礼の気持ちも込めて、節子さ

〈甲東の姫女号とキヨコチャン、マキコチャン〉と著者が裏書きした写真がこのたび〝発掘〟された。キヨコチャン（左）は七沢家長女の清子さん、マキコチャン（右）は次女の真樹子さん。思い出深いスリーショット。

んへ、わが家族一同より、重ねてお祝い申し上げたいと思います。

本書が描き出す甲斐犬の姿――わたしの脳裏に映るそれは、はるかな縄文の空と野山がいまここに現れたように伸び伸びと自由で、人と同じように誇り高い犬そのものです。

本書を手にとられたみなさんは、どんな感想をお持ちになられるでしょうか。

七沢賢治（ななさわ けんじ）

1947年山梨県甲府市生まれ。早稲田大学卒業。大正大学大学院文学研究科博士課程修了。伝統医療研究、哲学研究、知識の模式化を土台とした情報処理システムの開発者、宗教学研究者。文明の転換期に向け、言語エネルギーのデジタル化による次世代システムの開発に携わる。

また、平安中期より幕末までの800年間、白川伯王家によって執り行われた京都の公家、白川伯王家に設けられた神祇文化継承のための研修機関である白川学館を再興。

現在、同学館 代表理事、一般財団法人和学研究助成財団 代表理事、株式会社七沢研究所 代表取締役、ロゴストロン株式会社 代表取締役のほか、幅広く法人の顧問を務めている。

目次

第二章　甲斐犬になる前の甲斐犬の話

第三章　「理想の甲斐犬」の姿と形を読む

頭部について

第五章　甲斐犬とともに生きる知恵を

はじめに

甲斐犬のふるさとで

黒虎毛の仔犬。著者自宅前にて。仔犬なのでまだ耳の形が整っていないが、成長するにつれ、甲斐犬らしい立ち耳に育つ。

人間に故郷があるように、犬にも故郷というものがある——。

振り返れば、生業修行のため故郷を離れていた何年かをのぞけば、残りはほぼ犬と一緒に歩いてきたような人生、人も犬も同じと思ってしまうのもなにかの縁でしょうか。


みなさん、はじめまして。雨宮精二と申します。縁あってこの本の語りをさせていただくことになりました〝犬飼い者〟(わたしの師匠の言い方です)です。

山梨県は甲府の生まれ、甲府盆地がわたしの故郷です。家のある盆地の底から南の空に目をやれば、やや遠めにではありますが富士のてっぺんを毎日でも望むことができる——といえば外の方には羨ましがられますが、西の奥手には屏風のような南アルプス、手前も四方山ばかり。「どこへいくにも壁ばかり、小さな盆地でしょう?」は、自慢半分皮肉半分の自分の口癖ですが、これも住んでいる者だからこその贅沢なひとりごとかもしれません。


さて、これからみなさんにお話しすることは、この甲府盆地、広くは甲斐と呼ばれる地方を故郷とする犬のことです。

甲斐の犬と書いて甲斐犬。みなさんもよくご存知の日本犬です。

秋田犬を大型、柴犬を小型と呼ぶなら、中型にあたるのがこの甲斐犬。北海道、秋田、柴、紀州、四国（土佐）と、現在六犬種ある天然記念物指定の日本犬の中でも、いちばん古い日本犬の資質を受け継いでいるのが甲斐犬ではないか、とも語られる犬です。

勇猛果敢に獲物を追い詰める猟欲（野生時代から引き継いできた狩りの本能といったらいいでしょうか）の強さ、一生を一主と共にして他の人間を顧みない忠実無比の気質、ピンと立った日本犬らしい耳型、ほどよい力感で見る者を惹きつける見事な「立ち込み」の姿勢（「立ち込み」は犬の姿勢を表す言葉ですが、いつでも動き出せるぞという準備完了した姿勢のことです。足裏で地面をしっかりとらえてすくっと立ったこの姿勢が甲斐犬の良し悪しをはかるモノサシのひとつになります）……こうして語られる「甲斐犬らしさ」はさまざまありますが、中でも、これを抜きに甲斐犬は語れないというもの、それが毛色、どの日本犬とも違う独特の毛色です。

話は少々さかのぼります。

そもそも、甲斐犬が甲斐犬という名前になって世に現れたのは、大昔のことではありません。甲斐犬の愛護会ができたのが昭和六年です。同じ年に指定された秋田犬に次いで二番目の日本犬として、天然記念物に「甲斐犬」の名で登録されたのが昭和九年、このあたりが「甲斐犬」という名のはじまりです。

昭和六年から九年、といえば、外国に広く国が開かれた明治がまだ手の届くところにある頃。人と一緒に洋犬もどんどん入ってきて、いわゆる和犬と混じり合っていった時代、古くから全国各地に住み着いていて、猟を通じて人と一緒につかず離れず暮らしてきた和犬がどんどん少なくなっていた時代です。

このままでは土着の和犬が絶えてしまう、なんとか天然記念物にして和犬を守ろうじゃないか、という心意気の先輩方が、とくに呼び方もなかった和犬を日本犬という名前にして保存の活動を始めてくれたおかげで、甲斐犬の愛護会というものができ、天然記念物指定ということが成ったわけです。

仮にあの時代に日本犬の保存ということをやっておらなかったら今頃はどうなっていたか。いまこうしてみなさんに甲斐犬のことをお話しできるのも、時代の流れに棹さして日本犬の保存ということをしてくれた先輩方のおかげということです。

しかし、世の中には、それを指してこの頃に「甲斐犬が発見された」というような言い方をされる早とちりの方も見受けられますが、この「発見」というのは——あたりまえの話ですが、間違いです。このへんのことは、あとでくわしくお話ししますが、昭和どころか、明治どころか、そのはるかに昔から、日本各地に人と一緒に土着して猟犬の役目をはたしていた和犬がいて、その犬のことは土地の人ならよく知っていたのです。

甲斐犬も同じです。

わたしが師匠と呼ぶ甲斐犬飼育の大先輩は、明治生まれで、甲斐犬のことなら明治の前の歴史から伝承から気質、育て方まで語れる、生き字引のような方でしたが、甲斐犬のことを、こう呼んでいました。

ブチ毛――甲府の物言いですから、外の方の耳には〝ブッチ毛〟と聞こえるかもしれませんが、同じことです。


この「ブチ毛」という名が、わたしの生まれ育った甲府盆地界隈のふつうの呼び名でした。わたしの生まれ年は昭和十二年、天然記念物指定より三年ばかり後のことですから、物心ついた頃には甲斐犬という呼び名はもう世に広まっていたんだろうとは思いますが、自分の記憶にはほとんど「ブチ毛」しかないところをみると、この土地の者には、ブチ毛がよほど甲斐犬に似合った名前だったのか、とも思います。

名は体を表すといいますが、ブチ毛が呼び名になったというのも、それだけ独特の毛色だったということでしょう。

基本は虎毛ですが、はっきりとした縞模様とは違って、縞の中にまだらに濃淡のある赤や黒が入り混じった複雑な毛色です。このブチの毛色は山の中に入ればなんともいえない保護色となって猟犬としての力に加勢することとなった――とは師匠の話ですが、これは、ブチ毛と一緒に猟で山に入っていた自分の経験そのままです。

このブチ毛の髄、甲斐犬の本当の姿というものをみなさんにお伝えしたい、いつの頃からか、そんなことを願うようになりました。自然のこと、生き物のことを語るなら、なんといっても実践が元、それも自分の実践でなければ語るまでもない、と言い聞かせながら、気づけば、甲斐犬一筋の作出（犬種の保存を目的に繁殖まで手がける仕事です）を手がけて半世紀が過ぎました。数えあげれば――長生き、短命いろいろありましたが――三百五十頭ほどの甲斐犬の作出に携わってきた自分です。我が家と甲斐犬との付き合いは遡れば五代前からとも聞きますから、これも何かの縁なのかもしれません。

ありがたいことに、こうして機会もいただいて、そろそろ自分語りも許される頃かと、みなさんに、このブチ毛、甲斐犬の髄をお伝えしようかと考えた次第です。

ここに至るまで、本当にたくさんの方々のお世話になりました。微力というのもおこがましい自分の力を後押ししてくださったみなさんあってのこと、感謝という一言では尽くせないことです。

この場で御礼を特筆する失礼をご容赦いただきたいのですが、中でも、一介の犬飼いの独学研究を、いつか世の中に役立つこともあるだろうと、良し悪し問わずに何十年と根気良く見守ってくださった七沢賢治さんの慮りと遠望、これなしには自分のいまもなかったろうと深く感謝する次第です。

株式会社七沢研究所社長として地元甲府で社会貢献事業に心血を注ぐご多忙の中、お祝い兼ねての言葉を頂戴しました。遡れば縄文時代に端を発するともいわれる甲斐犬がいまあることのありがたさも、拙著が形になって世にでることの意味合いも、わたし以上に深くご存知の方です。本書を一通りお読みになった後にも、改めて目を通していただければ、得心と味わいがまた深いことではないかと僭越ながら思う次第です。

さて、みなさん。それにしてもこの甲斐犬という名のブチ毛、一筋縄ではいきませんが、付き合えば付き合うほどいい味が出てくる可愛いやつです。

どうぞ、この本もお好きなところから、お付き合いください。

第一章 甲斐の国とブチ毛

甲府駅の北東側に位置する愛宕山こどもの国より、甲府盆地と対面の山々を望んで。

〝ブチ毛一本勝負〟の故郷の景色。

中央本線に乗って東京方面から甲府盆地に入ると、石和温泉と甲府の間、西隣りに身延線の善光寺駅が控えるところに酒折という小さな駅があります。

駅の北側は、山裾の降り口がすぐに迫っている山の手ですから、街の広がりはおのずと南へ、ということになりますが、その広がりに引かれるように酒折の駅から南へ少し下るとぶつかるのが、東西に走る道筋。甲府の旧甲州街道といえばここの通りのことです。

いまは城東通りと呼ばれて、青梅街道の一部でもあるこの通りの周辺を、車でちょっと走ってみれば、事情を知らない人なら思わず首をかしげるのではないでしょうか。無用のクランクに〝筋違い〟（直進できないように道筋をわざとずらしているところ）……しかし、走りにくさは城下町のしるしです。古い道筋の名残とすぐわかります。

あとでも触れますが、わたしのいう甲府盆地の〝ブチ毛の本場〟とは実はこの界隈のこと。子ども時分、このあたりは仲間の悪ガキとの遊び場でもありましたが、沿道には革屋、レンガ屋、石屋など店々が軒を並べて、ブチ毛を飼っている人がたくさんいたものです。なんのためのブチ毛かといえば、中央本線の北側に連なる山が猪の猟場だったという、一目瞭然の話ですが。

この旧甲州街道（国道八号、国道二十号と名称が変わり、現在は国道四一一号）を渡ると、昔は一面の桑畑です。それがぶどう畑に変わって、いまは大学やら小学校やらの敷地にもなって見違えますが、もう少しこのまま南へ下ってみます。平等川（びょうどう）を越えて、二十号線のバイパスを渡ると、土地の人ならよく知っている玉諸神社のあたりに出ます。

昭和三十四年まで「山梨県西山梨郡玉諸村（たまもろ）」といっていたこのあたりがわたしの生まれ育った実家のあるところ。約五十年前、生業修行から戻って板金工場付きで自前のいまの家を建てたのも実家の目と鼻の先です。馴染んだ土地の居心地にすっかり落ち着いてしまって、建物も人もだいぶ年季が入りました。

世の中、半世紀も経てば変わるものばかりか、とも思いますが、ますますもって〝ブチ毛一本勝負〟の自分の気性はどうしたものでしょうか。ブチ毛の犬舎はいまもこの敷地の中、家と工場の合間にありますが、おかげで、家の居間でのんびりやっていても、お客が来たことはすぐわかります。伝え聞きですが、昔は〝獲物ここにあり〟の一声三百両にも値するといわれたブチ毛の声、さすがに通りがいいものです。

ブチ毛、来る。最初の出会い。

さて、いまお話ししたように、街中ではブチ毛はよく見かけていましたから、子ども心にも憧れというのか、気持ちの付き合いは始まっていたような気がしますが、家の犬としてブチ毛がはじめてやってきたのは、昭和二十年の四月のことです。いまでいう小学校ですが、わたしが国民学校二年のときです。親父が村議に当選したお祝いにと、応援してくれた猟師がブチ毛の仔犬を持ってきてくれたのだとあとで聞きました。

小説なら、この最初のブチ毛との出会いに稀な出来事が重なって物語がいろいろ始まるところかもしれませんが、こちらもまだ八歳の子どもですから深い考えがあるわけもなく、名前も最初はクロとかシロとか、そんなものでした。甲斐犬の作出を手がけるようになってからは、姫号とか竜王号とか、見栄えのする名前を考えたものですが、子どもはブチ毛が来たというだけで満足です。

甲斐犬らしい元気な犬ではありました。豚小屋に入っては豚を追いかけ、牛を見れば鼻に噛みつき、川の土手へ行けばキツネやタヌキの巣穴を掘って追い出す、ウヅラ、コジュケイを見かければ手あたりしだいに追いかける……あの時代だったから、ということもありますが、自由な甲斐虎毛、ブチ毛犬だった――最初のブチ毛の思い出を一言でいえばそんなことになるでしょうか。

農家がブチ毛を飼っていたわけ。

いまなら、犬を飼う不便といっても地面があるかないか、近所に気兼ねがあるかどうかぐらいのものでさほどのことはありませんが、あの頃は時代が時代です。時代を知らない方の目には、昭和二十年四月といえば、太平洋戦争も終わりかけ、暮らしも穏やかになりつつあったのか、と映るところですが、その時生きている者にとっては、いつ終わるのかもわからない戦争の最中。案の定、それから三月するかしないかのうちに、甲府も空襲に遭って中心部は焼け野原になりました。そのあたりのことはみなさんよくご存知の通りですが、甲府の歴史をひもとけば必ず目に入る七夕空襲というやつです。

人も食うや食わずやという時代ですから、世間一般では犬の世話どころじゃないという空気も仕方のないところです。そういう時代に、ブチ毛をもらって、人も犬も楽なことはないとはいえ、一緒に暮らせたということは、それだけで子どものわたしらには幸せなことだったと、いまにして思いますが、これも実家が農家だったという余禄があるのかもしれません。

犬に限らずですが、昔、動物を飼うというのは、何かの役に立つから、ということが名分です。このころ、ブチ毛を飼う農家が増えていたことは本当ですが、これは盗難防止の番犬にということです。これも時代です。

自分の知る限りでも、ぶどうドロに籾ドロ、野菜ドロ、豚ドロ、牛ドロ、鶏ドロ（もっともこれはイタチの仕業ですが）……塀の中の池で飼っていた鯉ドロまでありましたが、不審の人と見れば間違いなく吠えて知らせてくれるのが甲斐犬、ブチ毛です。木登りも大の得意、柿の木、梅の木、松の木、さらには鶏小屋の屋根にまで登って回りを見渡す、機敏、ジャンプ力、足の良さ。よく見たものです。猟のみならず、番犬としての優秀さもブチ毛の面目と、これもみなさんにお伝えしたいところですが、番犬を越えて人命救助まで一役買ったのもブチ毛の賢さです。

間違って用水路にはまったお年寄りがいるのを吠えて知らせた話、川遊びで流された子ども、道路で酒に酔った人を見つけて吠えて知らせた話……いろいろありました。これも、猟に出れば、追い詰めた獲物の居場所を吠えて人に知らせる猟犬の本能、気質につながるところです。〝猟犬、ブチ毛〟の話はまたあとでゆっくりお話ししたいと思います。

ところで、吠えるといえば——これはなかなか話しにくいことでもあるのですが——おかしなことに、ものを売りに来る行商人相手に狂ったように吠えたことがありました。何を売る行商人かというと肉です。豚、トリ、馬、牛、ウサギ、クジラと肉も色々……といえばなんとなく合点のいく方もあろうかと思いますが、なぜか犬が吠える。我が家のトラばかりか、近所の犬達が吠えるのです。怖がって縁の下にもぐっても吠えている。相手は行商人です。泥棒とは違いますが、何かよからぬにおいを嗅ぎつけていた、ということでしょう。問題は何の肉だったか、ということですが。吠え続けるものですから、行商人も苦笑いです。いつもと違って犬が吠えるというのは何かある、と農家の人もそういうときはたいてい手を出さない。間違って犬を食べるようなこともあるかと、そんな気遣いがあったのだと思いますが、そんなことも含めて危ないことをいろいろ教えてくれたのがブチ毛なのです。

〝ブチ毛の本場〟の謎。

さて、話は戻って、〝ブチ毛の本場〟のことです。もっと正しくいえば、〝ブチ毛の本場の謎〟のことですが。

ブチ毛という名前は聞き慣れなくても、甲斐犬の原産地、甲斐犬の本場という言い方では、みなさん、何か耳にし、目にされたことがおありかと思います。しかし、甲斐犬に興味を持っている方でも、先のところで簡単に触れた、自分が幼い時分に見た旧甲州街道沿いの景色、にぎわいのことをご存知の方は案外少ないのではないでしょうか。

専門的に甲斐犬のことを語る人、語られたものにも、このあたりの話を見ることがないのは不思議なことです。

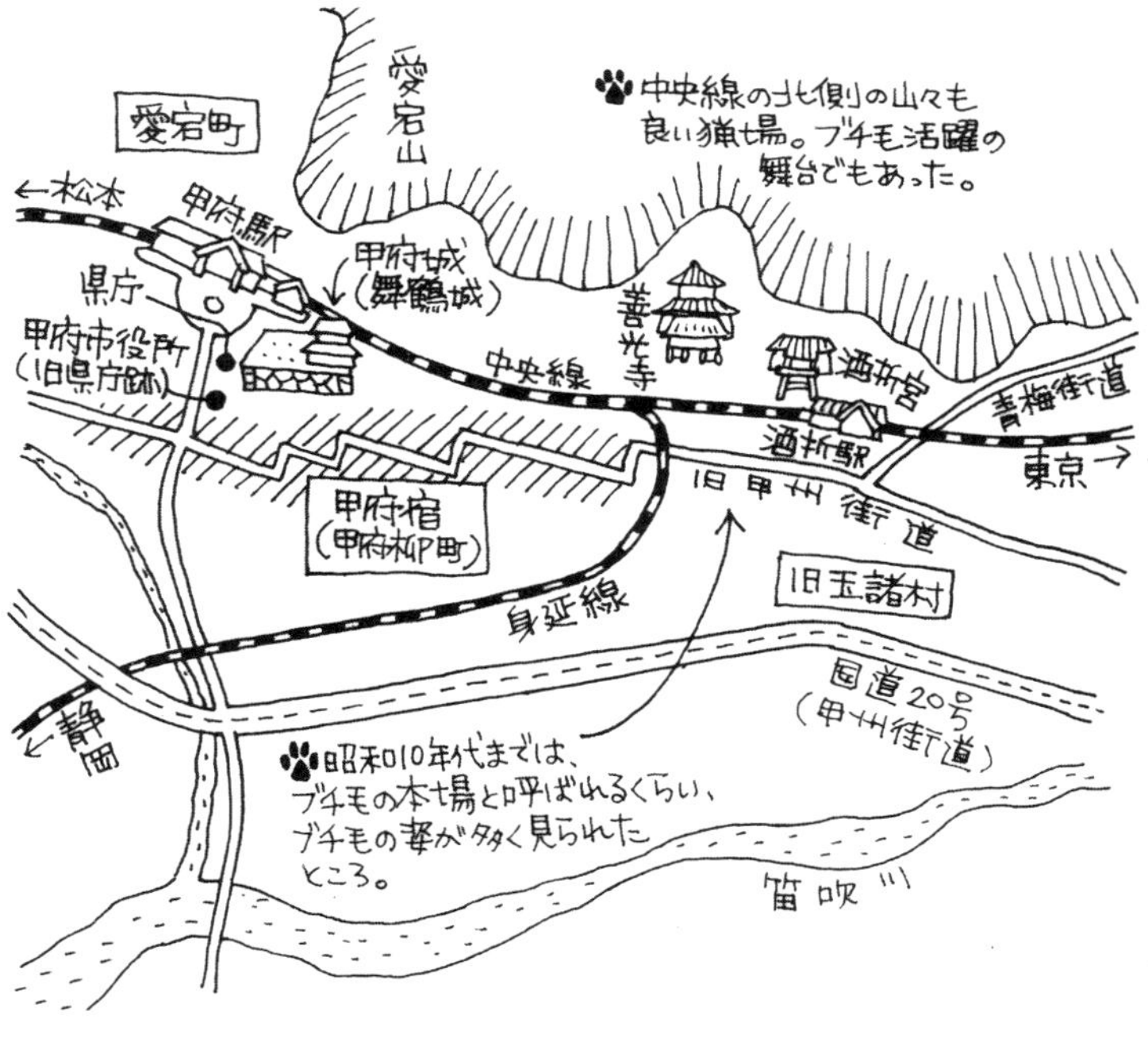

話を確かにするために、旧甲州街道沿いのことをもう少し語りますが、甲府をご存知ない方のために、甲府駅をはじまりとしてお話しします。

城下町甲府のシンボルといわれる甲府城、別の名を舞鶴城といいますが、このお城がかつて威風堂々とあったところは——いまは舞鶴公園と呼ばれています——甲府駅の南側のほぼ目の前、このあたりが昔から甲府の中心と呼ばれているところです。

わたしがいう旧甲州街道沿いというのは、この舞鶴城から東へ延びる道筋のことで、昔の町の名前でつなげば、魚町——金物町——善光寺町——酒折町——松原町——山埼町——甲運村、そして石和へとつながっていく一本道でもあります。

この甲州街道と呼ばれる一本道の甲州路が、昔は甲斐の国にはなくてはならない動脈だったこと、これはわたしがいうまでもない、みなさん方のほうがよくご承知のことです。明治から大正、昭和にいたるまで、甲府のおかげで甲州街道は栄え、甲州街道のおかげで甲府が栄えた、そんなふうにいわれることもあります。

東は東京へ、西は長野へ、南は静岡へ。四方山ばかりとはいっても、ここに出れば東へも西へも南へも、どこへでも抜けられるのが甲府盆地、さらには甲州裏街道とも呼ばれた北東からの道筋、青梅街道は酒折のあたりで甲州街道に合流します。長く要衝とされた事情もわかるというものです。

さて、各地の交通が集まるこういう道ですから、「人もやってくれば犬も来る。もちろん、ブチ毛だけではなくいろんな犬がたくさんいたものだ」——これは、わたしの師匠の言葉です。師匠は明治三十四年生まれ、わたしの祖父にあたりますが、先にもお話ししたように、ブチ毛についてはまさに生き字引、明治のことなどいまここにあるかのように話をしていたものです。

明治、大正の頃の話はこの師匠から伝え聞きとして、自分の中では分けて置いていることではありますが、わたしがもう物心ついた記憶のある昭和二十年前後の旧甲州街道沿いは、青梅街道と同じで、まさに師匠の話の通りに栄えた職人と商

絵葉書として残っている昭和初期の甲府市街の景観。出典「山梨デジタルアーカイブ(山梨県立図書館)」

人の町でした。各地を巡り渡る行商人のほか、皮職人、瓦職人、レンガ職人、ドカン職人、百姓、漁師、山師、石材師……と、それはにぎやかなことでした。

商人職人に負けないほど動物の姿も見かけたのがこの甲州街道沿い、中でも犬猫が多く飼われていた善光寺町、酒折町は皮細工の町として知られていた事情から、犬猫の皮ももしや……と忖度されることもありますが、真偽はともかく、師匠も語ったように、ブチ毛の姿は探すまでもなく目に入るほどだったことは確かなことです。

ならば、なぜこれほどブチ毛飼いがいた土地の景色と歴史が、まるで消えたように語られなくなったのか？

自然の不思議や謎はそこから生まれた人間なら語れないのも致し方ありませんが、人のつくった歴史の不思議はどこかにゆえあってのこと。

この話、もう少し先があります。

ブチ毛は甲斐犬にあらず？

明治、大正の甲州街道沿いにはブチ毛だけではなく、いろんな犬がいた——これがわが師匠の話です。自分の記憶にある昭和二十年前後もそっくりそのままです。しかし、本当にそれがブチ毛、甲斐犬だったのか？――といぶかる向きも当然あろうかと思います。たとえば、姿形は甲斐犬でも、大きさはどうだったか？　小型ではなかったのか？等々。

体高一尺七寸五分、メートル法に替えると五十三センチ弱――甲州街道沿いで見つけたオス犬の一頭です。師匠と自分とで実際に測った数字ですから確かなものです。いま、甲斐犬愛護会で基準にしている甲斐犬の体高は四十〜五十センチですから、大振りの甲斐犬です。こういう立派な大振り中振りのブチ毛が旧甲州街道沿いにいたのですが、知られていない。まことに不思議なことと思うほかありません――。

天然記念物指定申請書のひとり歩き。

みなさんは、甲斐犬の天然記念物指定申請書という書面をご覧になったことがあるでしょうか。昭和八年の三月に、甲斐日本犬愛護会（現在の甲斐犬愛護会）が当時の会長（今井新造会長）の名前で文部省にあげた「甲斐日本犬（いまの甲斐犬です）を天然記念物にしてほしい」という主旨のお伺いの書類です。

これを写したものが、甲斐犬愛護会が発行している『甲斐犬』という題の小ぶりの冊子の後ろに毎号載っていますから、ご興味のある方は、実際にご覧になってください。

この申請書、地元の日本犬である甲斐日本犬（申請時は甲斐日本犬と呼んでいました）をなんとか天然記念物にしてもらい、保護保存活動の一助にしたいという関係者の熱意溢るるものではあるのですが、ここまで縷々述べてきたような甲府盆地の旧甲州街道沿いのにぎわいを知る者が読むと、なんとも不可議な気持ちにならざるを得ない、というのが正直なところです。

申請書は簡単なものですが、〈甲斐日本犬の系統〉、〈甲斐日本犬の体型及び特徴〉とあって、その次にくるのが〈甲斐日本犬の分布及び由来〉という項目。ここは文字どおり「甲斐日本犬はどこが本場か」を語る本丸、大事な文章です。

はじめの文章を引いてみます。


〈甲斐日本犬は山梨県南巨摩郡西山村、同県中巨摩郡芦安村、同郡平林村、同県西八代郡上九一色村、同県東山梨郡西保村及び同県西山梨郡宮本村など、人車馬共に交通至難なる山間僻地にのみ産し、その中芦安村に産するもの優秀にしてその数または比較的多きも、わずかに猟夫間に飼養せられて残存するに過ぎずして、総数三十を越えざるべし。〉

――「天然記念物指定申請書」より抜粋

「人馬共に交通至難なる山間僻地のみに産し……総数三十を超えざるべし」とは、キツネにつままれたような話です。旧甲州街道沿いのブチ毛ははたしてどこへ――。数のことは、稀少であることを強めて保存の必要を深く印象づけるための方便としても、旧甲州街道沿いどころか、甲府盆地についても一筆もないというのは、さて?と不可思議の感は募ります。

しかし、この不可思議も、格別の理由があってこうなったわけではないのだろうと自分は思います。ただ、はじめに見落としたことが確かめる人も現れずにやがて事実になって、ひとり歩きするようになったのであるまいか。そんなことを思うのです。

甲斐犬愛護会初代会長が見たブチ毛の話。

確かなことは師匠と自分がはっきりとこの目と耳と身体で記憶にとどめてきたことですから、何の疑いもないことで、とりたてて証拠も必要ないことですが、実は甲斐犬愛護会が創られる少し前に、甲府の中心地でブチ毛の姿を見かけてこれは自分にとっての大発見だと喜んで、そのことを文字にして残している方がおられるのです。

安達太助さんと聞けば、甲斐犬の保存に詳しい方ならご存知のことと思います。甲斐犬愛護会（もちろんわたしも会員のひとりです）の初代会長をつとめた安達太助さんです。甲斐犬愛護会ができて三十年経ったお祝いにということで、文を甲斐犬保護に携わってきたみなさんから寄せてもらってつくった愛護会の立派な本（『甲斐犬』甲斐犬愛護会／昭和四二年発行）がありますが、この本の最初に安達太助会長の文章が載っておりますので、かいつまんで読んでみることにします。甲斐犬愛護会ができた当時の様子が垣間見える文章でもあります。

文には「僕は斯くして甲斐犬を世に贈った」と題があって、筆者に「元千葉県八日市場 区裁判所検事 安達太助」。昭和九年一月一日の山梨日日新聞からの写しですから、甲斐犬が天然記念物に指定される年のはじまりに新聞に載ったものです。

安達会長、はじめに自分がいかに日本犬を大事に思っているかを綴ったあと（同時に猫が嫌いなわけも書いていますが同感の士もおられるかもしれません。自分もそのひとりですが……）、甲府に転任してきてこれから何をするか、こう決意表明しておられます。

〈昭和四年三月、私はメリケンかぶれの横浜から、甲府に転任した。山紫水明の別天地ではあるが、何様どちらを向いても山また山だ。熊や猪がとれればとて、格別珍しがられもせず、三面記事にもならない土地だ。いずれ奥山にはきっと日本犬がいるに相違ない。うまくゆけば市内にいるかも知れぬ位に、たやすく考えて、商売気を出して手近なところから捜査を開始した。……〉

「捜査」という言葉遣いは検事らしい趣で、安達会長の人柄が垣間見えるところですが、しかし、外から赴任してきたばかりの方です。案の定、「その結果、実際に何処の小路には、どんな犬がいるかということまで、ほぼ知りつくしたつもりであったが、肝じんの日本犬は、それらしいものすら、かいもく見当たらなかった。……」と最初の捜査は〝失敗〟

昭和初期の甲府の中心部。立派な構えの店や建物が立ち並びにぎわいを伝える。「ここにブチ毛を加えればまさに旧甲州街道沿い」（著者談）。出典「山梨デジタルアーカイブ（山梨県立図書館）」

に終わるわけですが、大事なのは、ここからです。

赴任して二年後の昭和六年の春こと、朝出がけに小型の柴犬が知事官舎の方にとんで行くのをみて、いったんしぼんだ捜査の思いが再び膨らんだ安達会長、その思いが通じたのか、その一ヶ月後のこと、捜査が俄然進展します。

引いてみます。


〈それから一ヶ月ほど過ぎて、やはり朝出がけに、旧県庁跡の敷地を横切って、逸走する中型の日本犬を見つけた。それはすべての点に於いて、均整のとれた立ち耳、巻尾、しかも世にも珍しい虎毛で、新しい飼主から逃げ帰るものと見た。首には喰切ったナワが結ばれてあったが、サラブレットのそれのように、さっそうとして走り去るのであった。私はしばしその姿を見送りながら、讃嘆これを久しうしたものである。……〉

ブチ毛の姿が甲府の真ん中に。

これは、まぎれもなく安達会長がはじめてブチ毛を見たときの話でありましょう。旧県庁跡といえば、現在の市役所が建っているところです。まさに、甲府盆地の中心で安達会長はブチ毛を見かけた、ということです。それから一週間後、ブチ毛とふたたび遭遇をした安達会長です。

〈それから正しく一週間目の朝、愛宕町の住居の玄関先に出ると、すぐ向こう側の軒下に、可愛いやその虎毛奴、日向にとぐろを巻いて寝ているではないか！　私は雀躍りして引き返し、驚く妻の手から、ひったくるように肉片を取って、鼻先に投げ与えた際、虎毛先生、やをら起き上ってちょっとの間かいでみたが、見知らぬ赤の他人から故無く恵まれて喜ぶようなさもしい心は、あいにくと持合せがございませぬ、とのように未練気もなく、若尾公園さして逃げ去った……〉

安達会長の住まいがあったという愛宕町も甲府駅の裏側にあたりますから、この「虎毛」が甲府の中心を根城にしていたことは間違いところです。

もちろんこの虎毛の話だけで当時の旧甲州街道沿いの様子が語れるわけではありませんが、旧甲州街道はこの甲府の中心地を通る街道ですから、推し量って安達会長が見たような虎毛が街道沿いにもいたのではないかと考えてみるのも、無理のある話ではないとわたしは考えます。

さて、この虎毛との出会いで「他人に馴れつかない、その気性に、また堪らなくひきつけられてしまった」安達会長のところに、知り合いの弁護士が「芦安(あしやす)方面のさる猟師から、鹿犬型の牡犬をゆづり受けて、わざわざ持ってきてくれた」こと、それが直接的に、甲斐日本犬愛護会設立へとつながっていった経緯が続けて語られています。

甲府の中心部に出現したこの虎毛（わたしにいわせればブチ毛ですが）がいたことによって、甲斐犬愛護会の設立が相成ったともいえるのではないでしょうか。

旧甲州街道沿いこそ〝甲斐犬の本場〟と後世へ。

でありながら――ここは自分が力説したいところですが――ここまではっきりと、甲斐日本犬愛護会初代会長でもある方が甲府の中心部で甲斐犬らしき虎毛を見たことが記されて公にされていながら、その後周辺の調査もされず、甲斐犬の天然記念物申請書にはそのことのかけらも書かれず、そのことによって、甲斐犬の本場に甲府盆地が含まれていないかのようになっていまに至るということは、はなはだ残念なことだと思うのです。
もちろん、芦安はじめ、南アルプスの山間の猟師の間で、ブチ毛が猟に使われていた、ということは事実としてあったことですが、しかし、そのブチ毛の繁殖の数と飼育する人の数、にぎわいたるや、旧甲州街道沿いのそれにはとても比べることができないものであったことは確かなのです。甲府盆地の農家の繁忙期に山間から手伝いにやってきた方が、ブチ毛の子を貰い受けていったことも実際にありました。当時、甲府を地元とする人間がそれを語るほどのことと考えていたのかどうか。そこは想像するしかありませんが、師匠と自分の見方は昔から変わらずひとつ、〈ブチ毛の本場、甲斐犬の本場は本来、旧甲州街道沿いにあり！〉です。

しかし、それはそれとして、いまそれを声高にみなさんに語ろうということではありません。確かにあったことはあったこととして、ブチ毛の歴史、甲斐犬の歴史を正しく後世に伝えていっていただきたい、そうみなさんに願うよい機会として、あえていわずもがなのことを語った次第です。強い語りとなったところは何卒ご容赦願います。

甲府盆地、旧甲州街道沿いに残っているブチ毛の興味惹かれる話、意外な話。そのへんは項を改めてということで。

第二章 甲斐犬になる前の甲斐犬の話

ある日の身延山の桜。久遠寺を巡る道端にて。

何事にも師匠と呼ぶべき先輩がいるというのは有難いもので、自分ひとりでは生まれる前のことはこの身で確かめるわけにもいかず、先の道標も探し探しの行きつ戻りつ、はたしてこれでいいものかどうか、確かめるにも苦労するものです。

先にもお話しした通り、明治生まれのわたしの師匠はブチ毛の生き字引でした。屋敷だけでも二町五反（七五〇〇坪）ある大農家の出で、代々ブチ毛を飼っていた家で育った方です。仲間に一目置かれた猟師でもあったとお伝えすれば、生き字引の訳も納得いただけるかと思いますが、六歳からの自分の実践含め、はるか鎌倉時代からの伝え聞きまで、それこそ手のひらに載せるように語ってくれたものです。

おかげで師匠の酒好きまで継いでしまった自分ですが、酒の席はいつも甲斐犬指南の場です。まわりを囲んだ先輩方も同じ時代をともにした実践派ばかりですから、甲斐犬作出師として駆け出しの頃の自分が、こうした地元の諸先輩から甲斐犬の髄を教わることができたということは本当に有難いことだったと思います。

この大先輩方が口を揃えて語っていたことがあります。

〈ブチ毛、甲斐犬を飼うなら、本場で飼え〉

山のもの、海のもの、地球の恵みはさまざまありますが、どんな恵みにも本場があり、旬があります。

本場というのは、そこにしかない土やら空気やら太陽やら水やらの自然を含んでの人の暮らし、ということでしょうか。野山と一口にいっても形もそこで育つ植物も動物もさまざま、そのさまざまなつながりを引き受け自分も一役買いながら、山と里を行き来して生き延びてきたのが甲斐犬の祖、ブチ毛だとすれば、「つまり、ブチ毛のいちばんブチ毛らしいところは本場で育ててみないことにはわからないということだ」――師匠たちが自分に言い聞かせたかったことのひとつには、そういうことがあるのかもしれません。

師匠から聞いた古い話を酒席のあと、残した覚書が手元にあります。昔は大型、中型と体型を分けることをしていなかった、同じブチ毛でも毛色の調子や産地によって、黒ブチ毛、赤ブチ毛、ブチ毛、甲州グロ、虎毛犬、甲斐虎毛、と呼び分けていた……そんなこんなの師匠からの聞き書きに、自分の調べも混じり合ってはいますが、中からいくつかみなさんにもお伝えしたいと思います。

恩返しというほどのことにもなりませんが、みなさんに「そういうこともあったのか」

と覚えておいていただければ、師匠も喜んでくれるのではないかと思います。明治から大正、昭和、平成と、四つの時代の区切りをまたいで生きたわが師匠、九十五歳までブチ毛一筋でした。

日蓮大聖人もブチ毛と接近遭遇?

いまに残るブチ毛の話の中で、記録を追って遡れるところは、鎌倉時代あたりまででしょうか。ご承知の通り、山梨は縄文の遺跡の多いところで、甲府市の南の山裾には縄文の遺跡を陳列した博物館もあり、後でも触れるように古代の犬と思われる遺物も出ています。そんな事情からはるかに縄文時代からブチ毛は猪狩りの名手として土着していたろう、ともいわれております。わたしもそう考えるひとりですが、いずれにせよ一万年から数千年は昔のことです。このあたりの時代はみなさんの想像にお任せしたいところです。

鎌倉時代に戻れば、古文書からの伝承ですが、日蓮大聖人を身延山に招来した地元の地頭、南部六郎実長が猟が好きで虎毛の犬を猟に使っていたと聞きます。

身延山は富士山の西にあって、甲府から静岡に抜ける富士川の西の河原へ山裾を延ば

身延山・久遠寺の境内から周辺の山々を望む。

す山ですが、日蓮宗の総本山は一方の顔、もう一方では猪の猟場として猟仲間には知られる山でもあります。南部氏の猟好きも、そこにブチ毛の姿があったことも、真に迫る話だと思います。もしや、日蓮大聖人とブチ毛も相見えたことがあるのかもしれません。いずれにせよ、古くからの伝え聞きです。ご興味のある方はぜひ古文書をさまざまあたってみてください。

任侠も気にいったブチ気の俠気。

さて。時代は下って、幕末から明治にかけての話ですが、日蓮大聖人から一転して、相手は任侠者です。当時、甲州、上州あたりは博打打ちの本場といえば言い過ぎでしょうが、流れ者が多かったと伝え聞く土地柄。その頃の大親分のひとり、ご存知国定忠治と同じ上州の大親分として鳴らした大前田栄五郎がブチ毛を好んだという話、これは師匠からの聞き書きです。

大前田親分が旅に出るときは子分とともにブチ毛を連れて歩いた。連れて歩いた犬は、膝上まで体高があった、と。大前田親分の背丈は知りませんが、ものは試しと、いまの人でさまざま計ってみれば、一尺六寸五分が長い方であります（最近の男性の体格ゆえ、昔より寸法が長くなっているかもしれませんが）。メートル法なら五十センチ。ブチ毛なら立派な体高です。

この大前田親分に、「オレにもブチ毛を分けてくれ」と頼んだかどうかはわかりませんが、みなさんよくご存知の、人呼んで清水の次郎長親分も、ブチ毛に惚れた大親分のひとりだったと師匠いわく。甲州をはさめば上州と遠州は一筋です。大前田栄五郎親分と清水次郎長親分がともにブチ毛を従えて……という姿、確かめる術はありませんが目に浮かぶような話ではあります。

男気は俠気とも書きますが、一生一主を旨とするブチ毛の気性は、任侠の世界の流儀とどこか通ずるものがあったのか、そんなことも思います。

甲斐犬の瞳はぶどう色？

「御宅の犬の瞳の色は？」

突然そう聞かれてもなかなか答えられるものではありませんが、さすが生き字引の師匠、即答したものです。いいブチ毛の目の色はぶどう色だ、と。どういうわけで、いつの時代に、大先輩達はぶどうのつぶ色を、ブチ毛の目色に例えたものか、そのいきさつはわかりませんが、いわれてみれば、「甲斐犬の目がぶどうの粒に見えてくる」その見立てには感心するほかありません。

自分の観察で語れば、薄黒紫に薄茶が入って中身の種が黒く浮き出てみえるような複雑怪奇な色合いの甲州ぶどう、深みのある黒紫色の山ぶどう、この二色が甲斐犬の目色に通ずる色。大先輩方の見解と同じです。かといって、甲斐犬の目色はこのふた色だけ、とは決めつけない。これはつねに自戒としてあることです。自然のもの、動植物は変わっていくものです。

それにしても、目の色まで山の色（ぶどう）に似せてしまうとは、ブチ毛の擬態力はさすが、というべきでしょうか。

薬師如来仏の手のひらに載っていたものは……。

　話はぐっと遡りますが、ブチ毛がいつごろどうやって伝来したものか、あるとき師匠とそんな話になりました。

　師匠曰く、「仏教、甲州ぶどうと同じく、ブチ毛は渡来もの、時でいうなら千二、三百年頃」との説です。対して自分は、願望込めての日本列島古代犬説。師匠の言葉はこうでした。「ならば、如来の仏像に聞いてこい」

ぶどうを手のひらに載せている大善寺の薬師如来仏。薬師如来仏の姿としては珍しい。国の重要文化財。

　師匠がいった如来とは、ぶどうの名産地、勝沼町にある古寺、大善寺の本尊の薬師如来仏のことです。ご本尊を収めている薬師堂は国宝だそうです。秘仏ですが五年に一度は開帳されますから、興味のある方はご覧になってみてください。

　さて、言われて行ってみて師匠の言葉の意味がわかりました。

薬師如来仏の坐像、その天に向かって開かれた左の手のひらの上に載っているのは、見間違えようもない見慣れたぶどうの一房。同じものとははっきりとはいえませんが、見る限り、粒の大きさも房の具合も甲州ぶどうによく似ています。

薬師堂の建立は平安時代とも聞いています。甲州ぶどうの始まりも同じ平安から鎌倉にかけての伝承があるようです。このぶどうの房を手に載せた薬師如来仏のおかげで、「仏教伝来とぶどうの伝来、その頃にブチ毛の渡来もあったろう」という師匠の説も、七割ぐらいの分はあるか、といまは思う自分ですが、定かなところはさて、どうでしょうか。仏教にもブチ毛にも、ぶどうが絡んでくるのがいかにも甲州らしいところです。

江戸時代の有名な俳人、松尾芭蕉も勝沼でそんなことを思ったのか、こんな俳句が残っています。

〈勝沼や馬子もぶどうを喰いながら――芭蕉〉

一声千両、ブチ毛の吠え声。

甲斐犬、ブチ毛は声がいい――といっても、歌い手の声がいいとは違います。猟の時、獲物を追い詰めるのがブチ毛の役。もさっと見える猪ですが山に入ればこれが素早いのです。そのにおいの影を追っかけてブチ毛も瞬く間に人の視界から消えてしまうわけですが、しばらくすると、聞こえてくるのが、〝獲物発見！〟を知らせるブチ毛の吠え声。ひとつのようでさまざまあるブチ毛の声の中で、発声の強さでいうなら〝敵対的遭遇〟がなんといってもいちばんです。そのときの声の通り、先にも少し触れましたが、「大物猟のときなら一声三百両に値する」ともいわれたのがこのブチ毛の吠え声なのです。

さて、これも師匠からの伝え聞きですが、ブチ毛のこの吠え声にまつわる話が伝えられている神社があるといいます。

消失前のオリジナルは江戸時代の彫刻の名人、左甚五郎作と伝えられている金櫻神社の昇り竜に降り龍。龍は神様の使い、その龍の言葉をブチ毛が解して人に知らせたか……師匠の昔語りの真実はさて？

金櫻（かなざくら）神社といえば、甲府市の北にある金峰山の懐、昇仙峡の近くに開かれた神社、一般には、金運の神社として有名でしょうか。本殿の柱の左右に配された竜の彫刻の二体も見どころでしょう。柱をぐるりと巻きながら周囲を威圧するように登り竜に下り竜です。本物は名工といわれた左甚五郎の作だったともいわれていますが、昭和三十年に焼失してしまいました。いま見る竜は復刻です。それでも立派なものだと思いますが、みなさんの見立てはいかがでしょうか。

さて、師匠の話に戻りますが、この神社にはかつて門番役をしていたブチ毛がいたという。いつもは鳴く龍の鳴き声がなぜか聞こえない（そういう言い伝えです）、これは大事が起きたと察知したブチ毛はその通る吠え声でみなに知らせていたという話。どこに文書があるのか、九百年頃と聞く時も定かかどうかわからぬ話ではありますが、まさにブチ毛声は、昔でいう千両役者、三百両どころか一声千両の価もあったのかもしれません。

金櫻神社が焼けたときも、ブチ毛は吠え声で急を知らせる賢さを見せたと伝わっています。もっとも、門番のブチ毛の話を聞いたときは、まあ作り話かとは思いましたが、これも大先輩の語りのうちです。

燃えてしまった幻の「狼の頭骨」。

話は変わってこれは自分の経験談。まあ笑い話のようなものですが、お付き合いください。

あるとき、家の取り壊しの手伝いに来い、という声がかかりました。同じ町内の旧家が建て替えるので年代物の母屋を取り壊すという——昭和五五年頃の古い話です。昔あった「組」のことをみなさんはご存知でしょうか。地域に住む者同士の互助会のようなもの、といったらわかりやすいかもしれません。引っ越し、葬儀といった家々の大事を組の仲間が手伝いをして助ける、ということを昔はあたりまえのこととしてやっておりました。家の取り壊しも「組」で手伝うことのひとつです。

取り壊すという家は、江戸時代は庄屋、明治、大正、昭和と村の顔役をつとめて、昭和の初期には村長を代々としていた地元では知られた旧家です。新築にあたって取り壊すことになった母屋は大きな古いかやぶきの造りで、築二百年と聞きましたが、当初は町の文化財として残すという話もあったほどの立派なものでした。

取り壊しの最初の仕事は「棟下し」といって、主と身内の人と一緒に組の長老が代表で棟に上がり、手伝いをするのが習わしです。その時に棟の天井、いわゆる屋根裏にある物も降ろすわけですが……。

弓に矢、ヤリ、屋敷の見取り図、神明のお札……次々に降りてくる長いこと屋根裏に眠っていたものの中に、なんと動物の頭の骨——。

長老曰く、「狼の頭骨」とのこと。まさかと思われるかもしれませんが、甲府盆地を囲む奥秩父には狼を神として神社に祀る風習があったこと、みなさんもご承知と思います。家々にもこのような風習が伝わっていた、ということです。

さて、自分の犬好き、ブチ毛好きはみなに周知されています。「おい、狼を研究しろ」と渡されてもちろん一も二もありません。喜んで手にしてみると、甲斐犬の頭骨より、一廻り大きい。いかにも長いこと屋根裏にあったことを、べっこう色が語っています。これはまさしく本物の狼の頭骨に違いない、いい研究になると喜んだ……まではよかったのですが、トントン拍子も過ぎたるものは、でしょう。みなさんもお察しかと思いますが、ヌカ喜び、好事魔多しとは昔の人はよく言ったものです。

旧家の敷地は広いのです――これがアダになるとはそのときは思ってもいなかったのですが――昔の見取り図によれば三町四反とあります。一町歩の広さはメートルでいえば百メートル幅の真四角、その三倍以上という広さ、サッカー場の三つ四つは入るこの広さは、六反でも広いといわれるいまではなかなか見ることができません。

その広い敷地の中にある小川の側の石垣のところに、ここならだいじょうぶだろうともらった「狼の頭骨」を大事に置いて、だいぶ離れた母屋に戻って手伝いをしたあと、石垣のところに戻ってみると……思い出すと、いまでも残念な気持ちが蘇ってきます。取り壊しで出た古いカヤや古材をどこに積んでおくか、あらかじめ確かめておけばよかったとは思いますが、何しろ広い敷地です。母屋から見張っているわけにもいきません。わざわざそこまで運ばなくても、というのは〝愚痴〟ですが、古材やらカヤやらと一緒に燃やされてしまった「狼の頭骨」、そのまま手元にあれば、みなさんにも写真ぐらいはお見せできたかもしれません。

昔から、狼の頭を棟に飾る伝えがあった、と語る長老です。本当に狼の頭骨だった、絶対本物だった、と手伝いのみなさんも同じく語ります。あの時、手で感じた目方の重み、忘れようにも忘れられない……幻になってしまった「狼の頭骨」の思い出です。

いまも、組の集まりに行ってこの話になるとみなさん、大笑いでありますー。

第三章 「理想の甲斐犬」の姿と形を読む

昭和九年、地元の猟犬ブチ毛は「天然記念物 甲斐犬」として生まれ変わった。犬種としての姿形の基準が定められ、犬種の健全な保護育成を目的として展覧会も行われるようになった。

ブチ毛と甲斐犬を分けるもの。

幼なじみとの付き合い方にも良し悪しあるもので、いつ会っても昔の呼び名のままというのも、端から見ればあまり格好のいいものではないかもしれません。自分にとってのブチ毛もいってみれば幼なじみ、ついつい、甲斐犬もブチ毛も同じとばかり、区別なく呼んでしまうところは反省しなくてはならないところです。

とくに、甲斐犬の由来をご存じない方には、ブチ毛と甲斐犬、何がどう違うのか、混乱されることもあろうかと思います。

厳密にいえば、ブチ毛と甲斐犬は区別して呼ばなければならないところです。

ブチ毛は、甲州の盆地や山々に古くから住み着き、猟を通じて人間とも交わりながら生き延びてきた土着の犬、中でもブチの毛色が際立って猟欲にも優れたものをひとくくりにした呼び名のひとつ、といえば、はじめての方にもわかりやすいでしょうか。だれがどう決めたという名前ではなく、いつの間にかそう呼ばれるようになってきたものですから、土地土地に少しずつ違う呼び名があるというのも道理です。

猟に向いたいい子を残すため、子を選別したり、調教をしたり、親を選んでの交配……昔からいろいろ繁殖と呼べるような人の関わり方はあったかと思いますが、狙いはあくまで、実用のためといいますか、猟犬としての資質がまず大事にされたことだろうと思います。師匠からも、昔は体の大きさ、大型、中型といったことにはあまりこだわってはいなかったとも聞いています。

対する甲斐犬。こちらはひとつの犬種を表す正式な名前です。命名されたのは、昭和六年の甲斐犬愛護会の発足、昭和九年の国の天然記念物指定の頃のこと。日本犬を犬種として守るために考えられた名前である――ということは先にもお話しした通りですが、天然記念物という保護すべき犬種になったことで、名前と同時に「こういう姿形の犬が甲斐犬である」という基準が決められました。甲斐犬かどうかを判断するモノサシです。このモノサシに照らし合わせてみて、「これは甲斐犬として認められる」と甲斐犬愛護会が出すお墨付きが、いわゆる血統書と呼ばれるものです。

みなさんが、どこからか、購入であれ何であれ、本物の甲斐犬の仔犬を譲り受けたときには、この血統書が必ず一緒についてきます。裏返せば、この血統書がなければ、いかに姿形が甲斐犬そのものであっても、正式には甲斐犬とは認められない、という約束事。人の決めた約束事には縛られないブチ毛との違いです。

血統書がどういうものであるか、ということは、後でまた触れますが、血統書があるかどうか、これは公の場——たとえば展覧会のような場にご自分の犬を出せるかどうかの分かれ目になることでもあります。

もっとも、猟犬として、あるいは番犬として、ご自分の目で判断して優秀であれば血統書のあるなしは気にしない、という方はそれでいいのです。それはブチ毛という名前しかなかった時代のあり方と同じです。

山に連れていけば、その子が猟犬として優秀かどうかはわかります。猟という実践の場を通して適した子は残り、そうでない子は消えていった……いうなれば、ダーウィンいうところの〝種の保存〟が自然にできた時代が〝ブチ毛時代〟です。その頃は、いちいち「これがブチ毛である」という決まりごとをつくって保護するまでもなかったのだろうと思います。時が進んで、放っておけばいろいろな血が混じり合うような時代になって、稀少になってきた和犬を守ろうという気運が出てきたことが、全国各地に日本犬の保護会が生まれる元になったことは、みなさんご承知の通りです。

その流れの中で「甲斐犬」という名前が生まれて約八十年、現在まで甲斐犬愛護会が認めた甲斐犬の数は、約四万五千頭。選ばれた数十頭ばかりのブチ毛から始まったと考えれば、大した数ともいえますが、この数は、みなさんよくご存知の小型犬の一年間の作出数とだいたい同じです。

いかに稀少な犬種か、おわかりいただけるかと思いますが、このうち、わたしが関わって作出した甲斐犬は約三百五十頭おります。あくまで実践の場がわたしの城ですが、こうした実践からでなければ見抜けないこと、理解できないことがいろいろあるのが生き物の不思議というものです。みなさんにお伝えしたいと慣れない筆をとったのもそれゆえです。

「理想の甲斐犬」というと、大仰な言い方にもなりますが、すべては実践を踏まえてのこと。「こういう姿形をしている子どもはいい甲斐犬になるよ」という目安として覚えておいていただければ、いつかお役にたつこともあるかと願いながら、まずは毛色の話から聞いていただきましょうか。

虎毛に赤、黒、中あり。甲斐犬の三つの虎毛。

甲斐犬は虎毛が基本とは前にもお話ししましたが、毛色は三つに分かれます。

赤が地色と見なされる虎毛は赤虎毛、黒が地色と見なされる虎毛は黒虎毛、赤とも黒とも言い難く、赤と黒の間の色と見なされる地色の虎毛は中虎毛といいます。みなさんが本物の甲斐犬の仔犬を譲り受けたときには、血統書にはこのうち、どの毛色に属しているかが必ず書かれているはずです。

先にも紹介した「天然記念物指定申請書」（昭和八年に申請）にも同じことが載っていますので、引いてみます。

いわゆる虎毛とは不規則なる虎斑を呈するものを指称するものにして、これを

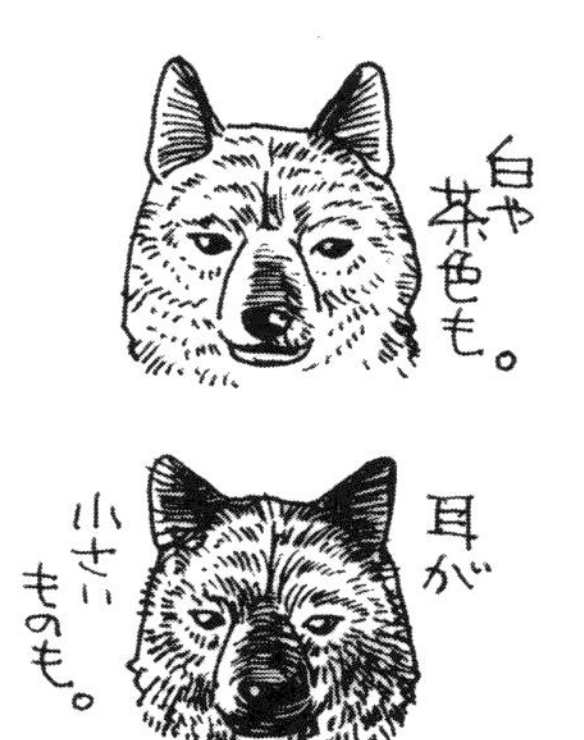

ブチ毛
優秀な猟犬を求めた。
色や形は気にしなかった。
白や茶色も。
耳が小さいものも。

ブチ毛をベースに、
特徴を定めて
種を固定化した犬。

一、地色黒色にして茶褐色の虎斑を存するものを黒虎毛
二、地色薄黒色及び茶褐色相半ばして虎班を呈するものを虎毛（※いまの中虎のことです）
三、地色茶褐色又は薄茶色にして黒褐色の虎班を存するものを赤虎毛
の三色に分け得べし。

甲斐犬の毛色はこの三つだけ、というと、見分け方は簡単のようですが、見慣れない方には、中虎が黒に見えたり、赤も黒に見えたり、一筋縄ではいかないかもしれません。赤といっても暗めの赤ですから、日のあたり方によっては黒に近く見えます。この色合いの変化も、山の中の保護色としてよく働くところだと思います。

黒虎の黒は雨畑硯（あめはたすずり）の墨色。

誰の目にもいちばんわかりやすいのは黒虎でしょうか。黒は黒でも、光輝く黒ではなく、ツヤ消しの黒です。雨畑硯と呼ばれる硯があります。甲府盆地の西南、身延山の西側を流れる雨畑川沿いで掘り出される黒石（雨畑石）からつくられる硯です。このあた

り（現在の早川町）は甲斐犬の里でもありますが、この雨畑硯の墨色に黒虎の黒はよく似ているのです。

余談になりますが、甲斐犬ともゆかりのある雨畑硯のこと、もう少し触れますと、硯石専門の先生方は当然知っていることですが、雨畑硯の黒石には雲母が入っています。電気関係に詳しい方は、雲母を絶縁体として覚えておられるかと思いますが、雲母とはコンマ何ミリという薄い層でできていて、一枚一枚層になってははがれる性質をもっている特殊な石です。この雲母が入っていることで雨畑硯の墨色は乾くと非常に綺麗な良い墨色に見えるのですが、ツヤ消しに近い光り具合で、光線の角度で色具合が変って見えるところから、雨畑硯の墨色に黒虎毛の黒を例えて語ってきたのがわたしの大先輩たちです。

黒の地毛ひとつとってもこのぐらいこだわりを持って語ってきた先輩方には、頭の下がる思いです。

わたしなりに推量すれば、このブチ毛独特のツヤ消しの黒、化学的染料のようにツヤツヤとは光らず、ツヤがはばかられるような色合いは、ブチ毛の自然体から生まれ出た擬態のひとつではなかったか、ツヤ消しの黒が山野の中で紛れて動くための効果たっぷりの保護色となったに違いない、そんなことも考えます。

大先輩も苦労した中虎毛の見分け。

赤虎と黒虎の間にある中虎（昭和の初め頃は虎毛と呼んでいました）の見分けは難しい、といいましたが、色味の幅があるため見分けには大先輩方も苦労したと聞きます。白虎毛、薄茶色虎毛、ねずみ色虎毛のブチ毛は、明治から昭和十年頃までは多く見られたと聞きますが、現在は少なくなりました。

師匠が「昔から変わらない、これが中虎の毛色の代表だ」として語った色模様をあげてみます。

地色は、オキシドイエロー色とブロンズイエロー色とブラウン色が薄く交じり合っての混同色、これが濃い複雑怪奇の毛色となって体全体を覆うのですが、そこに斜め縦状に黒毛色が鮮明に入る――。

中虎毛の毛色がこうした複雑な様相になる理屈ですが。まず一色の毛、二色の毛、三色の毛と三種類の毛色があって、それぞれに長短、細い太い、柔らかい硬い（甲斐犬の場合は柔らかい綿毛、硬さのある剛毛、蓑毛(みのげ)の三種類）があるものが、不規則に配列をなし密度を持つことによって、全体として中虎毛模様に見える複雑な模様ができてくる、ということです。ただし、黒虎や赤虎に比べ、色味の幅があるのが中虎といっても、虎毛がないものは色味の前に甲斐犬としての評価がなされません。

「白い甲斐犬はダメなんですか？」という質問を時々いただきますが、どこにどういう形で出ているかによって評価は変わります。足先に白いソックスを履いているような出方、あれはいいのですが、尾っぽの先の白毛はいただけません。胸や肩、腹など白毛の出るところはいろいろありますが、良し悪しを判断する目安は白毛が「つながっているかどうか」。たとえば、肩からずっと後ろの股までつながった模様に見えるものの評価は「よろしくない」です。部分的であっても若い犬のアゴの下の白毛は評価されないなど、細かくいえばたくさんありますが、大きくいえば、「なるべくならつながっていない方がいい」ということです。

甲斐犬の虎毛斑模様は「鮮明にして複雑怪奇」。

さて、申請書に「不規則なる虎斑」とあるように、みなさんが虎毛というと思い浮かべるような一目瞭然の虎の縞模様ではないところが難しいところで、わたしの言い方ですが、「鮮明にして複雑怪奇の虎毛斑模様」が甲斐犬の虎毛らしいところなのです。

こういう複雑怪奇な虎斑模様がどこから、なぜ来たのか、と問われれば、やはり、甲斐犬の元であるブチ毛の育った甲斐の野山のおかげ、ということが何より説得力あることではないでしょうか。甲府盆地をめぐる山は標高が低いぶん、いわゆる〝緑が豊かな山〟です。うっそうとした茂み、枝葉を伸ばして密に生い茂る木々……ブチ毛の毛色が写しているのは、いうなれば、この野山に根付いたいろいろな草木の織り交ぜ模様。〝擬態犬〟とは、わたしの勝手な名付けですが、これもブチ毛に元を発する甲斐犬の髄のひとつです。

ところで、このブチ毛のブチという言い方、おもしろいことに甲斐の中部地方では、別のことを指しても使います。方言ですが、ブチゲ返し、ブチ返し、ブチ変えとか、いろいろに言います。何のことかというと、このブチは、茅葺（かやぶ）き、藁葺（わらぶ）きといわれていた昔の農家の屋根のことです。

いまはほとんど見なくなりましたが、昔、農家の屋根といえば、葦、麦ワラ、マコモ、稲ワラを使って葺く（覆うこと）でつくっていたものです。覆いの材料になる刈り取った茅や葦や稲ワラを根元で揃えて束ね、穂先と根元を互い違いに束ねていくのですが、材料はひとつではありません。葦、麦わら、稲わら……といろいろ混ざるものですから、できてくると、色合いが場所によって少しずつ違うまだら模様、つまりブチに見えて、秋になるとこれがまた良い色になるのです。

それで、葦とか稲わらを混ぜて束ねることを「ブチゲに束ねる」、屋根を葺き替えることを「ブチ返し」「ブチ変え」というようになったのでしょう。

してみると、ブチ毛のブチという呼び名も、茅葺き屋根の模様をブチと呼ぶところから……と、わたしは睨んでいますが、それはさておき、みなさんにはこのあたりでいうブチという模様の感触をなんとなくでもつかんでいただけると、甲斐犬の毛色の複雑さということも、理解していただけるのではと考えた次第です。

顔の虎毛斑模様の「理想」とは?

甲斐犬の顔、ここにも虎毛斑模様があるのですが、よく見ると模様もさまざまあることに気がつきます。甲斐犬の顔を正面から撮ったような写真はあまり見かけませんが、もし甲斐犬を間近にして、正面から見る機会があったら、ぜひじっくりとご覧になってください。

とくに眉間を中心にして、鼻先から上、頭部にかけの模様、ここが大事なところです、

乱れのない虎毛斑模様は、甲斐犬の精悍さをよく伝える。「品」を感じさせる姿形は「理想の甲斐犬」に欠かせない要素のひとつ。

よく見てください。

・この鼻先から眉間、頭部に抜ける線を真ん中にして、左右にきれいに流れていく虎毛斑模様

これぞ理想的な甲斐犬の顔の虎毛斑模様です。このようにきれいな虎毛斑模様のある顔立ちは品があっていいものです。

いま「品」と言いましたが、甲斐犬にはこの「品」が大事です。品のある顔立ちの甲斐犬は、賢さに加え、忠実さ、猟欲の強さといった甲斐犬らしい気質も兼ね備えていることが多いのです。虎毛斑模様に乱れがあるというのは、血のまじりをやはり感じさせますから、割り引いた評価を受けるのも致し方ないところです。

顔に見られる虎毛斑模様の乱れの具体的な例をいくつかあげてみます。

・ストップ下の縦線状の模様

眉間と鼻骨の間にあるくぼみのことをストップといいますが、このストップから下の鼻筋、口吻（口元）へかけて、縦線状の模様が二本、三本とはいることがあります。こ

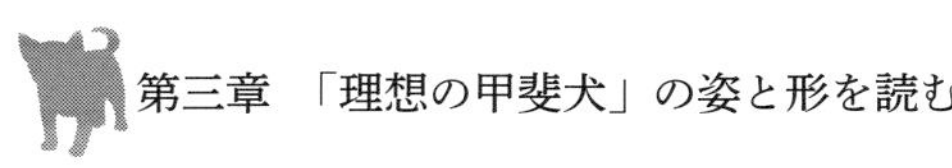

れはきれいな虎毛斑模様とは異なるのでよくありません。

・目からストップへ左右に「くの字」に入った線状模様

同じ額下周辺に見られる「くの字」を描く模様。顔貌(がんぼう)的にはよいのですが、やはり甲斐犬のもつ品位と迫力を損なう印象。ブチ毛時代に見られた顔貌ですが、甲斐犬となったいまは不要の模様というべきでしょう。

・ハート形のいわゆる猿面模様

目の上の眉間のあたりから頬へ、顎へと下に向かって、ハート形に色違いの毛が生えていることから、一見すると猿の顔のように見えてしまういわゆる猿面模様、これも甲斐犬の顔にはふさわしくないもの。どうしても精悍さ、鋭さに欠ける顔つきに見えてしまいます。

・額左右の公家斑模様

昔、お公家さんが額の左右、眉毛の上にやっていたお化粧にちなんで公家斑模様という――これは師匠から聞いた例えですが、確かに、これとよく似た丸斑が甲斐犬の顔にも出てくることがあります。師匠によると、こういう公家斑模様はブチ毛時代からタブーとしていた、と。斑は甲斐犬の擬態ともいえますが、残念ながら無用の擬態ということです。いまも額に細く名残を残している犬もいますが、理想をいえばこれも消えたほうがいいと自分は考えます。品位、精悍さといった甲斐犬の良さが出てこない模様です。

・毛の先端の色が白、ねずみ色に変化しているもの（差毛色のこと）

機会があったら甲斐犬の毛の先端を注意してご覧になってください。先端の部分だけ他と色が違っている場合があります。これを差毛といいますが、この差毛色が「白」や「ねずみ色」になっているもの、胡麻毛ともいいますが、これはよろしくありません。この色合いではどうしても甲斐犬らしい鮮明複雑怪奇の虎毛班模様が出てこないのです。

中には、生まれて間もない頃は、この白やねずみ色の差毛に覆われて、まるで霜降り模様の不思議な毛色だった子が、四ヶ月ぐらい経つと、見栄えのしなかった差毛色が消えて甲斐犬らしくなるということもあります。どうしてこうなるか、先祖代々の中に、そういう毛色で擬態する犬がいたのかもしれない、そんなことを自分は推し量って考えますが、あくまで経験からの推量です。

白やねずみ色の差毛色は蓑毛の剛毛によくでる、江戸の頃から見られていたこと、といったことも大先輩から聞いていますが、甲斐犬としては複雑怪奇の虎毛班模様が鮮明に出ない原因となる差毛色は歓迎しない、ということでは先輩方の意見も一致していいます。塗料も入れてはいけない色を混ぜると色が濁る――これは生業の自動車板金塗装の仕事を通じて学んだことです。まったく同じ理屈ではないでしょうが、甲斐犬の差毛色もこれに似て、地毛の色を曇らせてしまうような差毛色が混じると、濁ってはっきりしない虎毛班模様になってしまうのです。

命を守る大事な役目を担う袴毛。

「頭隠して尻隠さず」。人はとかく顔や胴といった目立つところに気持ちがいきがちという昔の人の戒めは甲斐犬飼いにも通じます。通称「袴」と呼ばれる甲斐犬のお尻側にも、ふだんから注意を払ってもらうと、甲斐犬の毛が季節によって衣替えしていくことなどが実感としてよく理解できるようになるのでは、と思います。

袴という名前は、犬の尾っぽの側から見たとき、尾の根元から左右の足の関節のあたりまでが、和服の袴をはいたようにふくらんで見えるところからきたものだと思いますが、この袴に生える毛を袴毛といいます。

密度の濃い綿毛の上を、硬さのある剛毛が覆い、横から見ると、人間の太モモにあたるところから、細くなる下方へ向かってきれいに生え揃うのが、甲斐犬独特のスタイル。「毛の積度、密度が高いほど良し」とします。

袴毛は飾りではありません。甲斐犬の命にかかわる大事な役目があって、牝犬であれば局部を隠す役目、そして、発情する初期の出血が毛につくことから適切な交配時期を知らせる役目。牡犬の場合は、睾丸を袴毛で覆い隠すことで急所を守る役目です。猟のときは岩場や水場で激しく動き回りますから、急所をぶつけてケガをすることを袴毛が防ぐ役割を果たすのです。

毛の長さの理想は長くもなく、短くもなく。犬の体の構成に比例した毛の長さでありたいものです。真後ろから見たとき、お尻の穴だけが見えるぐらい、これが手入れのときの目安ですが、役目の終わった袴毛の見た目が悪いとブラシや手で無理やり抜いてしまう人もいます。見栄えが悪いと手をかけたくなる……これも人間の心理ですが、無理に抜くと新しい若い毛も一緒に抜けてしまうのです。展覧会のときも、無理に手をかけてしまい、さびしく見えてしまい、良い犬なのに残念と思うこともあります。犬は自分で身づくろいをしながら用の終わった古い袴毛はこすり取ってしまうものです。毛の手入れは自然に犬に任す。それがいちばんです。

甲斐犬は三種類の毛で体を守る。

甲斐犬の毛は硬いか、柔らかいか？――野性的で男っぽい甲斐犬の印象から「なんとなく硬そうだ」とお思いの方が多いかもしれません。甲斐犬の気質から、気安くは触らせてくれませんが、飼い主や扱いに慣れた方がだいじょうぶとすすめてくれたときには、ぜひ触ってみてください。

人によって多少印象は違うでしょうが、わたしの感じをお伝えすれば「柔らかさはありながらもしっかりとして、人の髪のような」手触りです。

甲斐犬の体毛は三種類の毛の組み合わせで成り立っています。

体の表面に近いところで密生して肌を守っている柔らかい綿毛（被毛）、その綿毛を守るように外側に硬めの毛（剛毛）が重なり、さらに首から背中にかけては蓑毛と呼ばれる長い毛が組み合わさることによって、甲斐犬独特の野武士のような風貌が生まれます。

爪や歯を槍にたとえれば、体毛は盾の役割。剛毛は山の中でのガサ場や藪の中で身を守ってくれる強い毛です。蓑毛は雪、霜、雨、風をはじき返す強さを持った毛で、野性味の強い犬種によく発達するともいわれる、いかにも甲斐犬にふさわしい毛です。人間にたとえれば、二重に外套を着ているようなものでしょうか。

つまり、三重の毛に守られ、寒さに強く、藪や岩場などの難所に強く、雨に濡れてもびしょぬれにはならず、雪が降っても軽々と動き回れるのが甲斐犬――ということになるのですが、当然ながら、そのぶん夏場にはちょっと弱味を見せるのも、甲斐犬の憎めないところです。

天然記念物 甲斐犬の「体高」論。

人間の身長にあたる長さを、犬では体高と呼びます。地面からどのぐらい体が空に向かっているか、という見方です。人は身長と体高が同じですから、足裏から頭のてっぺんまでを測って身長（＝体高）としますが、犬の場合は、前足の握り（地面についているところ）から、肩甲骨を通して背中までの縦一直線を体高とします。首の根元や、肩甲骨の立ち毛の先端を基準にした計測は間違いですので誤解なきようにお願いします。人の場合、身長の高い低いは、好みはあってもあくまで個人の問題、気にいらなければ親のせいにでもして、うっちゃっておけますが、天然記念物の犬となるとそうはいきません。

体高は天然記念物の標準に合うかどうかを測る立派なモノサシ、甲斐犬の場合もどこまでが甲斐犬らしい体高といっていいものか、天然記念物指定を目指した頃はブチ毛の個体差もいろいろだったでしょうから、決着を見るまでにはずいぶん議論があったのではないでしょうか。

大型、中型、小型と三つに分けられる日本犬の中で、甲斐犬は中型と、先にもお伝えしましたが、同じ中型でも他の中型犬の標準サイズに比べると、やや小ぶりに出るのが甲斐犬の特徴です。

昭和八年に文部省に提出した天然記念物指定申請書には、一尺三寸～一尺七寸とありました。センチに換算すると、三九・五～五一・五センチ。現在、甲斐犬愛護会が目安として出している甲斐犬の体高は、四〇～五〇センチ。日本犬保存会による中型の一般的な基準は、牡が四九～五五センチ、牝が四六～五二センチですから、一回り小ぶりということがおわかりいただけるかと思います。

もっとも、ブチ毛時代の先人たちは体高の違いはさほど気にせず、体高は〝自由型でいい〟と考えて現在へつなげてきたということは師匠の話としてお伝えした通りです。その時代に一尺七寸五分という体高のブチ毛がいたと記録に残っていますが、いまでいうなら五三センチ弱。立派なものです。

甲斐犬は天然記念物ですから受け継いでいく体型の標準は守らなくてはなりませんが、生物である以上、体型にも自然的変化あり、すなわち退化もあれば、また進化もある――というのが実践から学んだ自分の考えです。守る努力をしながらも、自然的に変わるものならそれも認めていく。そうありたいものだと思いますが、さて、みなさんはどうでしょうか。

個人的な好みで、大きめか小さめか、どっちが好みだ?——と聞かれれば、大きめが自分の好み、と答えたいところです。

自分の実践を下地にするなら、牝の成犬の体高は四二~四五センチが理想、牡は牝より二回りぐらい大きいのが普通で、理想をいうなら四八センチ、逆に四六センチに満たないと甲斐犬としての迫力に欠けるというのがわたしの見立てです。五二センチまで立派になる甲斐犬はめったにいませんが、堂々としたその風貌は甲斐犬にふさわしいもの、わたしは「良し」としています。

人間もそうですが、親が大きいからといって、大きい子が生まれるわけではありません。たとえば、体高五〇センチの牡を四一センチの牝へ交配するとします。生れた仔犬が牡親よりも大きくなるかと思えば、そうとは限らない。逆に大きな牝に小さな牡、たとえば、四八センチの牝に四二センチの牡をかけてみると、とくに仔犬が牡の場合、五〇センチをこえることも少なくないのです。

これは牝親の系統が関係しているのかもしれません。研究の余地があるところですが、だからといって、大振りの牝に小振りの牡の組み合わせにこだわって、ことさらに大ぶりの牡を作出しようと苦心するのはどうでしょうか。配合中、小振りの牡は大きな牝に引き吊られてしまうこともあります。馬力がなく迫力に欠ける牡の姿は自分の好むところではありません。

牡牝とも、常識的な、甲斐犬の標準に沿った体高で出てほしいと願う理由です。体高、体長に際立ったものがなくても、全体的な体の構成がとれている牡は大きく、立派に見えるものなのです。

わたしが理想的と思う体高と体長の構成比率は、体高一〇〇に対して体長一一〇の割合。体高五〇センチの牡なら、体長は五五センチというあたりが目安になりますが、むずかしく考えなくても、「構成がとれている、立派だなあ」とみなさんの目に映る甲斐犬は、測ってみれば、おおむねこの比率に近いところに収まっているはずです。

頭部について

気品ある頭部のサイズの目安は「六対四」。

前の章でお話しした〝幻になってしまった狼の頭骨〟（きっとそうだろうという周囲

の人の話です）のこと。返す返すも残念なことでしたが、持つ手にずっしりきた重みと大きさ、「これは甲斐犬とは違うぞ」という確かな感触はいまでも思い出します。

実は、実際に三頭の甲斐犬の頭骨を調べたことがあります。三頭ともわたしの作出した甲斐犬です。これまで手掛けてきた約三百五十（成犬まで育ったのは二百数十ですが）の甲斐犬の中でも、気性も姿形もこれは満足できると自信を持っていえる三頭でしたから、最後まで大事に看取って、敷地内に埋葬もしてあります。

この子たちの体高は四九センチ、四七センチ、四七センチ。甲斐犬の標準的な体高です。頭骨のサイズは測りませんでしたが、手に持った感触は見た目ほどの大きさを感じさせず、アゴの張りも少ないものでした。廃材と一緒に燃えてしまったべっこう色の狼と思しき頭骨とははっきりと違う感触だったことは確かです。

さて、みなさんが甲斐犬の頭部のサイズを測るときはどうしたらいいか、ということですが。自前のスケールを使って測るわたしのやり方をご紹介します。用意するのは木綿のタコ糸。そのままでは測るときにずれやすいので、糸に柿の渋を塗ります。こうすると糸に強さが出てずれにくくなります。

頭骨のサイズといっても、何を測りたいか、どう測るか、考え方によって変わってきますが、顔のストップ（額下のくぼんだところ）をはじまりとして、そこから上側に、耳の根元までの長さを測るのがひとつ。ストップから鼻先までを測るのがひとつ。この二つの組み合わせから頭部のサイズを見るというのが一般にいわれる日本犬種の頭骨サイズの測り方です。

当然ながら、一匹の甲斐犬でも肉付きある頭部を測ったときと、骨の状態ではサイズが違います。同じ骨のサイズと思われる甲斐犬でも、それぞれ顔の肉付き、膨らみは違いますからこれも測ってとれた数字だけ見ると違う——ということになりますが、この二つのサイズを比率で見ていくと、だいたいひとつの比率に収まってきます。目安はストップから上を六とすると、下の鼻先までの長さは四。比でいえば六対四です。

この比率が変わる原因のひとつがストップの深さ。ストップが深いとヘッド（おでこ）が丸く立体的に見え、浅いとおでこが平面的に（こういうと語弊があるかもしれませんが、〝のっぺり〟とした印象に）見えます。人によって好みは分かれるかもしれませんが、深すぎても浅すぎても気品をなくす。わたしはそう考えます。

六対四の比率に近いところに収まること。これがやはり理想です。

猟で鍛え上げられた耳の良さ。

山の中の猟を通じておそらく何千年何万年と鍛え上げられてきたのが甲斐犬の耳。その聴覚の鋭さは、よく知っているつもり――ですが、いざそういう場に立ち会うと、やはり唸らされるものです。

あるとき、わが家の敷地に猫がそーっと入ってきたことがありました。うちの甲斐犬が反応したのは、その猫が敷地に入るや否やのこと。足音か気配で察知したのでしょうが、ご存知のように〝音もなく〟動けるのが猫の猫たるところ。のんきに入ってきた猫もまさか危うく瞬殺されることになるとは……と冷や汗をかいたのではないでしょうか。耳の良さだけはなく、獲物の気配を察知した次の瞬間にぱっと反応できる、人間でいえば運動神経の良さも甲斐犬ならではでしょう。

耳の良さを教えてくれたエピソードをもうひとつ。富士山の裾野でのタツマ猟（獲物の逃げ道で待ち伏せをして行う猟）をしていたときのこと。事情があって、獲物を追いかけている犬を呼びよせることにしました。薬莢（やっきょう）を笛代わりにして微かな音を出して知らせるのですが、犬は二山も先にいます。もちろん人の声では届かない、相当な距離。しかし、杞憂という言葉がありますが、まさにその通りの結末でした。いまにして思えば、心配しすぎの親心だった自分です。

人の耳と天秤にかけては測りようがないほどの鋭さを持っているのが甲斐犬の耳。逆にいえば、呼んでもボーッとして反応しないような甲斐犬の場合は――老犬は致し方ありませんが――生まれつき耳が遠いのか、何か問題があるのかと疑ってください。わたしが手がけた犬の中にも、目はよく見えるが、耳が遠い犬がいました。狩猟に引くと、よく聞こえなくても他の犬について走るし、吠え声も出るので大きな問題はなかったのですが、やはりいざというとき、一歩も二歩も行動に遅れがでてしまうことはありました。

耳の障害を見抜くのは飼い主の責任、と心がけて仔犬のときから丁寧に観察をして、疑いがあるようならすぐに獣医へ、が賢明です。一般的に、耳の悪い犬は元気がなく、不安定で、気をつけないと噛みつき犬になる恐れもありますから、そこは飼い主の責任と心したいところです。

前傾角度は十七度。真竹をスパッと切ったような……。

甲斐犬の耳は、日本犬らしい立ち耳です。ピンと一本筋の通った形が伝えてくる凛々しさ、精悍さ。甲斐犬の気性をよく表すのもこの耳の姿形です。

形でいうなら、真竹をスパッと斜めに切ったような、大きめの長い三角形。姿でいうなら、厚く根元がしっかりした力強さがあり、真正面から見たとき、左右の耳幅と、耳と耳の間にあるおでこの幅がちょうど三等分になる配分。これがわたしの考える甲斐犬の耳の理想型です。

さらにもう一歩踏み込んでいうなら、耳の前傾角度。みなさん、おでこの丸みに対して耳がどのように配置されているか、注意してご覧になってください。

このおでこの丸みに対して、垂直ではなく、ほんの少し前傾しているのが甲斐犬の理想の耳形です。角度でいえば十七度の前傾。何を基準にしての前傾角度かというと、「おでこの丸みに対して垂直線を立てたときに、その垂直線から耳がどのぐらい前傾しているか」。垂直線は耳の根元の後ろ側に立てます。これが十七度のとき、理想的な姿の耳に見えてくるのです。何度も師匠とわたしとで測ったことですから、これは自信を持っていえます。

こうして甲斐犬の姿形の鍵を握るともいえる耳は、生れて四ヶ月余りで形になってきます。立ち耳になるのです。しかし、不思議なこともあって、一度立った耳が再び寝たかと思うと、しばらく経ってまた立ち耳に戻る、ということもあります。仔犬なりに体の調整をしているということなのか、実践上はとくに問題があることではありません。

〝耳立ち〟するまでの間は、飼い主にとってはまだかまだかともどかしい時期でもあります。〝耳立ち〟の遅い犬は大器晩成型と考える人もいますが、往々にしてせっかちなのが飼い主の気性。思っていたより耳立ちが遅いと、耳にテープを巻いて立たせようとしたり……無理なこともしてしまうもの。これは、わたしも仲間も経験しています。しかし、人の考える標準通りにいかないのが生き物の生き物たるゆえん。体質や血統もあって、いろいろあるのが本当です。わたしの経験でも、耳立ちにまでに一年半もかかったこともありますから、心配しながらも根気よく待てる、懐深い飼い主でありたいものです。

耳の皮膚と耳の中の毛の状態。目を近づけてここもよく観察してください。

耳の皮膚は遺伝や血統によって、厚さ薄さに違いが出ます。同じように、耳の内側の毛にも密度の濃い淡いという違いがあります。

気をつけたいのは、耳の内部の短い毛の密度が極端に少ない場合。耳の中の毛は密集することで異物の侵入を防御するのですが、毛の密度がないと防御の力が弱くなるのはいうまでもない理屈です。判断の目安は、耳を正面から見たとき、耳の内部の地肌が見えてしまうかどうか。もちろん、耳の内部が見えないのを「良し」とします。

ブチ毛時代は、耳の型など気にする人はなく、耳型もいろいろであったと聞きます。耳の呼び名もいろいろあったと大先輩たち、いわく――前たれ耳。角のかくし耳。横付け耳。かんざし耳。逆耳。半だれ耳。小（ちっ）くい耳。おれ耳。そり耳。うすぺら耳。うさぎ耳。毛だれ耳。ささ耳。前かがみ耳。上かがみ耳……。

いずれも遠いブチ毛時代の呼び名、ブチ毛から甲斐犬への進化とともに消えていった耳型の名前です。

長い年月、自然に磨かれてきたブチ毛です。中には進化もあり退化もありますが、師匠はよくこう言っていたものでした。

「いまのブチ毛は耳の型が良くなったなあ……」

わたしも同じ思い、これは間違いないことです。

目の形は自然からもらった個性と考える。

甲斐犬の目色は甲州ぶどうの色――と、先の章で先輩方の洒落た見立てを紹介しまし

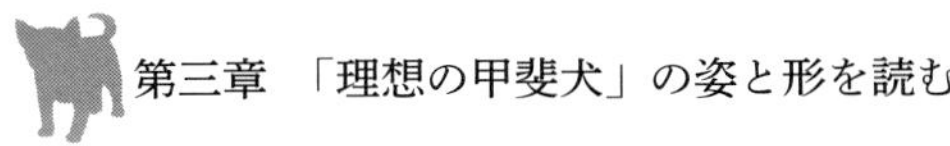

たが、わたしの経験からの見立てを繰り返せば、薄黒紫に薄茶が入って中身の種が黒く浮き出てみえるような複雑怪奇な色合いの甲州ぶどう、深みのある黒紫色の山ぶどう、この二色が甲斐犬の目色に通ずる色です。

　これを一言で形容するなら、「野生味ある色合い」でしょうか。甲斐の土地に馴染むことで進化をしてきた〝擬態犬〟甲斐犬にふさわしい色と見えます。甲斐犬の目は、明るい場所でも、暗がりでもよく効きます。

　仔犬の頃、順調なら目が開くのは早い子で生まれて十二日から十五日目あたり。二十五日もすると、焦点が定まり、外で飛び回れるようになるのは生後四十日目ごろ。日々変わっていくのは仔犬ならではの成長力、とりわけ目の成長を映し出すのは動きです。兄弟ケンカができたり、いろいろな障害物のある外で元気に遊びまわれたりするのは、動くものをとらえる目の力（動体視力）が活発に働いている証拠です。注意して見てあげてください。

　さて、次は目の形。同じようでよく見ると一匹一匹違うところに個性の宿りがあります。たとえば、眼球の位置が前目にある出目と呼ばれる型、反対に眼窩（がんか）の奥にすっぽり納まっている奥目と呼ばれる型。どちらも甲斐犬に見られる立派な目の型なのですが、こうした一匹一匹の目の特徴に良し悪しがあるかのごとく取り上げて、出目がどう、奥目がどう、目の切れが強い弱い……うるさく語る人もいます。これはどうしたものでしょうか。こういうことは、天然記念物甲斐犬の姿形の本質に関わることではなく、あくまでその犬の個性として語られるべきことです。出目も奥目も目の形も人間と同じで顔の個性、目の型や形は欠点ではない――わたしはこう見ます。上瞼が眼球に半分ほど被さると、目は細く見えるのですが、これも特に悪いものではありません。

参考までに、出目と奥目の見分け方を。

出目かどうかを判断する基準は眼球の位置です。間違えやすいのは、肉付きの良いまぶたを見て出目と思い込んでしまうこと。まぶたがふっくらとして、額よりも盛り上がって見えることがありますが、基準はあくまで眼球の位置です。

細かくお話すると、額の下にあるストップから横に目を通ってこめかみまで引いきた一直線のライン、これが基準線。この直線を基準に真横から甲斐犬の眼球の位置を見たとき、眼球の水晶体がそのラインより前方に出ている場合、これを出目と呼びます。まつ毛が長い甲斐犬は出目でもさほど気にならないものです。

奥目はその逆で目が眼窩の奥にすっぽり収まっている場合をいいます。奥目の犬には逆さまつげのものも稀にいますが、これは遺伝的なもので残念ながら矯正はできません。

甲斐犬の「目は語る」。

「目は口ほどにものをいう」は人に限らず、です。

鋭くて精悍な眼差しは甲斐犬全般に見える犬種としての個性といえるものですが、これは〝神経過敏〟の犬種であることも示す目の語り、とわたしは見ます。獲物や周囲の変調に対して即座に反応する良い意味での〝神経過敏〟さ、これは猟犬に必須の資質です。いくら目が個性といっても、〝可愛らしいドングリ目〟の甲斐犬はいない理由でもあります。

反射的に目をつぶる。これは恐怖を感じたときです。

たとえば、飼い主が叱るとき。手になにか物を持っていると、反射的に目をつぶり、尾を腹の中へ巻こみます。つぶった目を開けたとき、白目に変わっている場合、これは本当に主人を怖がっているという印です。愛情を示して怖さをやわらげてあげるのは飼い主の仕事です。

水に潜るときは、白目が見えるほど目を大きく開け、目標を決めます。

牡犬同士の立ち込みのときは、目を引きしめ、鋭い眼差しを発します。

白目が赤く充血するとき。これは何かの理由で気持ちが高ぶっている印。たとえば、餌に動物の骨をあげたとき、ケンカのとき、仔犬のいるメス親が人間に危機を感じたとき、大物猟の最後の正念場のとき——。

充血する犬は、遺伝的な要素もありますが、人を威嚇する犬もいるので要注意です。生れつき神経質の犬は白目を大きく出しがちです。人をやたらに怖がって、横目に、上下に、白目で見る癖があります。気性からくるものですから仕方がないところがあるのですが、わたしは好まない仕草です。

基本的に甲斐犬の白目はタブー、歓迎できないことですが、良い方向に向けていくには、怒ったりせず、愛情をかけて育ててあげることです。病気の時も、普段と違って充血したり、白目を剥いたりするので、よく見てあげることです。

黒であること。濡れ鼻であること。

甲斐犬の鼻の色。これは黒しかありえません。黒以外の色は血の混じりを感じさせます。黒虎毛、赤虎毛、中虎毛、どの毛種も鼻の色は黒です。この黒はいわゆるメラニン色素の色で、色素が抜けた肌色の鼻は、展覧会では失格となります。甲斐犬の起源を、二千年前とする説、九百年前とする説、また四百年前とする説、いろいろありますが、師匠たちが知る明治のブチ毛時代から、鼻の色は黒色であったのは確かです。

飼い主として鼻を見るときの勘所は、濡れ鼻であるかどうか。鼻は涙腺と繋がってい て、湿った状態を保つことで、嗅覚の感度を維持することができるような仕組みになっ ているのです。反対に、鼻が乾いているのは、体調が悪いということのサインです。異 変に気づいてあげることが大切です。

鼻の形は、左右対象に位置に収まっている形を良しとしますが、形よりも嗅覚の感度 の方が大事なのは、猟犬としては当然のことです。これも当然ながら、鼻の大きさと嗅 覚の良し悪しは別の話です。

「一の文字」に見える口吻こそ。

口吻と書いて「こうふん」と読みます。突き出た形をしている犬の口回りのことです。

甲斐犬の口吻は、体との割合で見ると日本犬種の中では長い方に属し、きりっと結んだ 形が甲斐犬らしい風格を作り出します。

上顎と下顎の厚みを比べたとき、上顎の厚みが六割五分、下顎の厚みが三割五分の割 合になる口吻。これがわたしの実践上、理想的としたい形です。顔立ちに品があるかどうか。その決め手のひとつになるのが、この上顎と下顎の厚みの割合なのです。

たとえば、下顎の比率が大きくなると、箱口といって、上唇がダブって弛んで見え、逆に、下顎の唇が薄すぎるのも、水鳥（たとえばあひるのような）の嘴ばしのように見えます。どちらに傾いても良しとはいえません。甲斐犬らしい精悍さからは遠い見栄えになってしまうのです。

わたしの実践からですが、箱口タイプは血統的に骨太の型に多いと見ています。甲斐犬の箱口はブチ毛時代よりタブーでした。どんなに体型が素晴らしくても、こうした口吻の形を持つと残念なことに高い評価は受けませんから、牝犬の所有者は、交配の際に、口吻の形にも気を配って適切な相手を選ぶことです。

牡犬の口吻の理想といいますか、こうあってほしいとわたしが願う口吻の形は、「一の文字の口吻」です。口角の位置が目の真下にくるぐらいまで深く切れ込み、口を閉じた姿を横から見たときに「一の文字」に見える口吻の形。精悍さが際立つ、実に牡らしい口吻の形です。牡にはなんといってもこの形がいちばんとわたしは見立てます。

甲斐犬は肉食動物である。

肉食動物とは生きるためには肉を食べなくてはならない動物、もちろん甲斐犬もその一族ですが、自然の山の中でのこと、肉を食べるのも一筋縄ではいきません。作った道具を使える人間とは違って、切る、ちぎる、噛むもみな自前の〝包丁〟で始末するのが甲斐犬です。

語るまでもなく、甲斐犬にとっての〝包丁〟は、歯です。歯一本一本が丈夫で鋭いことはもちろんのこと、歯の揃いが完全であること、上の歯と下の歯の噛み合わせが理にかなっていること、この三つの条件が相まうことで、甲斐犬ならではの強い歯が生まれてくる——。長年の実践から、ここは強調してみなさんにお伝えしたいところです。

まず歯の揃いですが、上下の顎に、生えるべき歯がちゃんと生えている状態、これを完全歯といいます。甲斐犬の場合は上下合わせて四十二本が揃って完全歯。後の章でも触れますが、甲斐犬の乳歯は生れて六ヶ月ぐらい、遅くても、九ヶ月をすぎると永久歯に生え変ります。このとき歯の数を数えてみてください。

プレスして固いものを断ち切る切断機を見ても、上下の凹凸がきちんと受け合うことで物が切れる道理。甲斐犬の歯も同じです。上の歯で圧をかけた食べ物を下の歯がしっかり受けることで、はじめて強い咀嚼力が出てくるのです。

一本でも欠けた歯、欠歯があれば、圧を「かける」と「受ける」の関係が崩れますから、噛み切る力は弱くなり、噛む力が弱くなれば、つれて顎の力も弱くなります。欠歯が下顎に多くある犬に見られる特徴のひとつに下顎が細くなったいわゆる〝アヒルロ〟がありますが、これも下顎の力が弱くなったことが原因です。


欠歯によって顎の力が弱くなると、それが顎の形にも影響して、顎の貧弱さを招き、顎の弱さはさらに猟欲の減衰を招いて、吠えない甲斐犬、つまり本来の気質からは遠い甲斐犬が不本意ながらできてしまう……「いいではないか、大人しい甲斐犬は飼いやすくていい」と考える向きも一方にあるかもしれませんが、甲斐犬は本来ペット的な犬種ではないのです。ここは譲れないところとあえて強調します。

みなさんには、甲斐犬本来の気質がよく表れるように、飼育も配合も配慮してもらいたいのです。展覧会では欠歯は減点です。欠歯の犬は概して迫力のないぼんやりした犬が多いように見受けます。一本の欠歯を軽く見ず、優れた甲斐犬になる方策を探っていただきたいのです。

いまお話ししたのは先天的な欠歯のことですが、生まれたときからではなく、猟のときの事故などで後天的に歯を失ってしまう場合もあります。

猪を追いつめた正念場の場面、猪へ強く噛みに行き、離さないのが甲斐犬です。猪があがいて動き回ったときにたとえば一緒に立木に突き当たってしまい、そこで犬歯（牙）を抜いてしまう……猟場での実戦中のことですから、防ぎようもないときもありますが、こんなこともあると動き方に配慮することで、残念な事故を回避してもらいたいと願っています。

先天的な欠歯の話に戻りますが、これは遺伝が大きく関係していることですから、血筋の濃い犬同士、系統の近い犬同志の交配など、まずは交配のときに注意深くなることです。近親で四回も続ければ、悪い遺伝が表に出てきやすくなるのは、メンデルの法則を引くまでもなく、みなさんご承知の通りです。

歯が良いと、外面も良くなる、という道理。

人の体も甲斐犬の体も、歯で食べ物を噛む仕組みは同じです。ハサミに似て、前後にズレのある上下の前歯で噛み切り、万力のような奥歯で噛み砕くことをする。これが歯と顎の働きです。みなさんも、上の歯と下の歯の噛み合わせが悪いと、食べにくく感じるはずですが、甲斐犬も同じです。

甲斐犬の噛み合わせの理想は、上の前歯が下の前歯の前に、軽く覆いかぶさるように合わさること、一方で奥歯はきちんと上下の受けが合わさっている形。ハサミのように上下の歯が少しずれながら交わることで切れ味が出てくる、鋏状咬合（はさみじょうこうごう）と呼ばれる噛み合わせです。

一方で、甲斐犬として適当と認めるべきかどうか、わたしが疑問に思う噛み合わせもあります。

上下の前歯がぴったりと合わさる噛み合わせの切端咬合（せったんこうごう）（水平咬合ともいいます）、下顎が後退したことで上の前歯が深く下の前歯に覆いかぶさってしまう下顎後退咬合、そして、〝受け口〟という呼び名ならみなさんもよくご存知の下顎前突咬合。この三つの噛み合わせは、噛む力に影響し、ひいては甲斐犬本来の気質にも影響してくるものです。目の形のような個性とは呼べず、日本犬種の姿形として認めるべきかどうか、問われるべきというのがわたしの考えです。

昭和初期の頃には、欠歯のある甲斐犬は少なからずいましたが、いまはほとんど見られなくなりました。これは愛護会のみなさんの努力の賜物だと思います。

歯が良いと、いい甲斐犬になる――これはわたしの実践からもいえる確かなことです。歯の良さは、体の内面の働きを助けます。すなわち、当然のこととして、外面も良い犬になるのです。

犬歯、またの名を牙。その強さの秘密。

犬歯、またの名を牙。猟のとき甲斐犬はこの歯で獲物に食らいついて仕留めます。四二本ある甲斐犬の歯の中でも、長さ、鋭さとも際立つ特別な歯です。

甲斐犬の犬歯は中振り、大振りと大きさはいろいろですが、大きいから強い犬歯かというと、さにあらず。見かけだけ大きくても（根元が弱ければ）いざというとき強さが出ない〝馬鹿歯〟ということもありますから要注意です。

犬歯はその犬の体に応じた厚みと丸みを帯びながら、歯肉の層深くに根を張ることで、顎の力と一体になって、強さを表すものです。わたしの調べですが、割合でいえば、五・五（歯肉の中の根元）対四・五（上に出ている歯の部分）が理想的な配分です。

犬歯がいくら鋭くても、噛み付いたとき歯が抜けてしまえば、そこで猟は終わり。相手が猪のような大物の場合はとくに歯の根元と顎の力が大事だ——とは大物猟をする猟師の口癖です。

犬歯の根元が歯肉の層深くにしっかりと根を張ること、そして、その歯の根元の土台である顎が強いこと。この二つを野生時代からの財産として引き継いでいるかどうか。甲斐犬の犬歯を評価するとき、これがいちばん大切なことと、わたしは考えます。

しかし、猟を経験させせようにも機会が限られているいまの時代に、猟欲の強さと獲物へ噛つく犬歯の強さを共に育てなくてはならない難しさがあります。語るまでもないと思う次第ですが、「甲斐犬として退化することなく、強い犬歯に」とは、甲斐犬を飼育されているみなさんの願いに他ならぬことだと思います。

麦めしと味噌汁が合う甲斐犬の舌の仕事。

甲斐犬の舌が〝仕事〟する場面を思いつくまま挙げてみます。

物を食べるとき。運動するとき（舌を思い切り出して身体の体温を下げる）。水を飲むとき。においを嗅ぐときに一緒に舐めて物を確かめるとき。成犬の牡のにおいとりのとき（舌を使う）。牡牝の発情のとき。飼い主または家族に喜びを伝えるとき。身体についた余計な物を払うとき。犬同士が出合ったとき。猟のとき（獲物に対して舐める、噛む。あるいは体についてにおいを舌でとる）。他にもたくさんありますが、舌の愛撫で最高のものは、親子の情、愛情を牝親が仔犬に伝えるときです。このとき、舌は人間で言う〝第五の手〟となる。仔犬にとってはこれが最高の愛撫です。

これほど多岐にわたる〝仕事〟をしながら、案外なのは舌の本業といえる味覚です。甲斐犬の舌の味覚は大雑把なのではないか、という専門の先生の語りを聞いたことがありますが、実際、苦い生野菜も、良いにおいの物も、くさい物もこだわらず、どれも平気で食べてしまうのが甲斐犬です。

麦めしと味噌汁が合う犬——これも隠れた甲斐犬らしさなのかもしれません。

舌斑をどう考えるか。実践家として。

舌に斑があることを意味する舌斑。この印を持つ甲斐犬は意外に多いのです。

円形の一円玉ぐらいの班のある甲斐犬。舌の先端に矢じり型の斑がある甲斐犬。舌の表面には斑がないが裏側に隠れるように斑がある甲斐犬……自分の子供の頃（昭和二四年頃です）、舌の表側全面に

甲斐犬には舌に
色模様(舌斑)が
見られるが、
悪いものではない。

舌斑がある甲斐犬を見たことがあります。飛び斑の犬は多くありました。これまで何度も引いている甲斐犬の「天然記念物指定申請理由書」にも、「舌に黒斑あるもの少なからず」と記されています。

この舌斑、甲斐犬と北海道犬に多いという説、縄文時代に渡来した犬種に多く、弥生時代に渡来した犬種にはないという説、人間でいうところの蒙古斑のようなものではないかという説（しかし、蒙古斑のようなものなら、成長すると消えるはずですが、舌斑は一生ものです）……等々、専門の先生方の意見はさまざまあるようですが、実践家として舌斑をどう考えるべきかと問われれば、「飼い主はあまり気にしますときりがありません」と自分は答えます。

できるなら、舌の表側全面に色が入っているもの、細い黒に青紫色が入っているもの、この二つは好ましい色ではないと自分は思うので、避けたいところですが、血筋から来るものであれば自然のものです。

それなら、色素の変りもの、すなわち、人間でいう「色痣にちかいもの」ではないか。そう考えて、あとは配合を研究して、答えは仔犬に託すのが実践家らしい判断と考えます。人工的にどうこうすることはわたしは好みません。舌斑の少ない子を出したいということであれば、系統的に少し離れた犬と交配してはどうかとすすめています。

胴部について

鞍掛けの形は生き延びるための知恵の形。

甲斐犬の胴を横からご覧になってください。盛り上がった肩回りから背中にかけてゆっくり下向きに、弓なりに流れていく線は、見立てれば馬の背を思わせる形になっていることにお気づきになるかと思います。馬の背には鞍をかけますが、おそらくそこからの呼び名でしょう、この肩回りから背にかけての形を「鞍掛け」と呼びます。

甲斐犬の鞍掛けは、立ち込みの姿勢をとると、ひときわ精悍さが映えて見事なものですが、この鞍掛けを作り出しているのが、肩甲骨回りの盛り上がり。山犬とも呼ばれていたブチ毛時代、野山を駆け回ることでよく鍛えられた前駆の筋肉、その強靭な肩回りに、前にお話ししたように三重の毛が複雑に、密度を持って構成するところから、馬の背に負けない立派な鞍掛けの背が出来上がります。

鞍掛けを作り出す毛の構成を細かく見れば、他の部位に勝って密度の濃い綿毛に、七〇から九〇度の角度で立つ剛毛が加わり、さらに長い毛足で存在を知らせる蓑毛の三種類がよく調和していることがわかります。よくできた鞍掛けは、真上から見ると肩から尾にかけ、蓑毛が三角形を成しているようにも見えます。

姿形を語るのは人間ですが、甲斐犬にとって鞍かけは生き延びるための知恵の形でもありました。雪、霜、雨、風を遮り、振り切る――生きるための大事な役目を果たすのが甲斐犬の鞍掛けです。

胸回りの良し悪しは「厚み」と「丸み」で。

山犬ともブチ毛時代は呼ばれたこともある甲斐犬です。野山を自在に駆け回るための、車でいえばエンジンにあたる前駆の肩回りは、横から見れば、見事な鞍掛けを構成する筋肉の盛り上がりですが、これを真正面から見れば、甲斐犬らしい迫力を後押しする発達した流線型の胸回りとして見えてきます。この胸回りがよく発達して厚みと丸見を帯びている姿は、いかにも健康な状態に見えます。胸回りが痩せていると、当然ながら、弱々しく見え、迫力に欠けます（これは骨の太さには関係なく、あくまでも筋肉の発達いかんによるものです）。

胸回りの何を良しとするか、見方は他の部位と同じです。その犬その犬の体の構成に比例した調和があるかどうか。胸が立派に張っているかどうかだけでなく、頭の大きさや足の長さとの調和、構成として、良し悪しを判断すべきだとわたしは考えます。

胸回りは、肩甲骨や肩関節の付き方、そして、その周囲の筋肉の付き方によって見え方は変わってきますが、わたしが理想的と考える姿は、「胸の幅と左右の足の開き幅の割合が三対一であること」です。

確認するときは、胸周りが見える正面に回ってこんな要領で観察してみてください。

- 頭を中心に、左右の肩から前足が正しくまっすぐにのびているか。にぎり（地面につく足の部分）、爪先まで狂いがなくつながっているか。

地面から前足を通って左右の肩に抜ける線が垂直にまっすぐ延びているときの甲斐犬の立ち姿は精悍で見事なものですが、この位置関係がずれると立ち姿も崩れてきます。位置のずれは大きく分けると二つあって、ひとつは肩関節の位置が前足より前に出ている場合。これを〝前ゼリ〟、逆に後ろにある場合は〝後ゼリ〟と甲斐犬飼いの仲間では呼んでいるのですが、いずれも「良しとできない」肩関節の位置です。

この肩関節と前足の位置関係については、師匠とわたしは食肉センターにまで出向いて、解剖学者のように実証的に調べました。牛馬のような家畜の身体も犬の身体もつくりは共通していますから、牛馬の皮の下の関節の位置や筋肉の様子をみれば、〝前ゼリ〟〝後ゼリ〟になる理由がわかるのではないかと考えて、百頭をこえる牛馬の身体を調べたのではないでしょうか。その結果、前足に対する肩関節の位置が大きな影響をしていることがわかったのですが、関節の位置は調教では直せないことですから、配合の相手選びのときに留意していきたい点です。

逆三角形の巻腹。

肩回り、胸周りとくれば、次は腹回り。馬がお好きな方なら「馬の腹が巻き上がってみえる」というような言い回し、どこかでお聞きなったことがあるかと思います。馬のことをご存知なくても、「巻き上がる」という言葉から、腹部が布で絞りあげられたような様子が浮かんでくるのではないでしょうか。

甲斐犬の腹回りのことも「巻く」という言葉を使って「巻腹」と呼びます。簡単にいえば、背中の形を示す鞍掛けに対して、腹の形を示すのが巻腹です。

発達した胸回りから腹回りにかけての線が、逆三角形を描くようによく引き締まったものです。

巻腹――こういう理想的な巻腹は、甲斐犬の力強さと精悍さをひと目で表わして見事な

巻腹の形を決めるのは、筋肉や脂肪ではなく、その犬が本来持つ骨格です。胸回りを鍛え、腹回りの贅肉を落として絞り込んだときに、理想的な逆三角形が現れるのは元々の骨格がいいからです。骨格に難がある犬を、引き締まった巻腹にしようとしても、そう上手くはできません。生れついての体型を超えられない、ということです。

理想的な巻腹を見るなら、やはり野生動物です。バイソン、ライオン、チータ、サル類、鹿、カモシカ、狼、ヌー、リカオン……そういえば、甲斐犬も元野生動物でした。

むやみな仕草は命取り。甲斐犬の〝小手〟試し。

あるとき先輩曰く。

「犬の小手は大事だよ」

剣道の手首を守る防具のことを小手というように、人でいえば、肘から先、手首までの腕を小手といいます。犬の場合は、人間と違って肘が脇腹に近いところにありますから、犬の小手は前足にほぼ同じという見立てで了解できます。

さて、「小手が大事」と先輩から聞いて、すぐには腑に落ちなかった自分ですが、牡同士が面と面を合わせ、気合の入った立ち込み姿勢をとっている姿をみたとき、なるほどと了解しました。こういう状況で、前足を不用意に上げればその途端、相手に噛みつかれてしまう。前足は犬の泣き所です。噛みつかれればそこで勝負あり、ですから、絶対に小手（前足）など挙げてはいけないのです。〝尾を上げて仁王立ち〟の姿が推奨される理由でもあります。

展覧会で前足を上げる仕草をする甲斐犬も少なからず見かけます。威嚇のつもりのない癖かもしれませんが、相手のヒゲは敏感です。ちょっとでも触れれば、その途端、噛みつかれることもありますから、小手を上げる仕草は直しておきたい癖です。

猟犬である甲斐犬ならではの小手の使い方がよくわかる場面は、鳥猟のときです。獲物を見つけたとき、姿勢を低くして片前足を上げる仕草——ポインティングといいますが、これは威嚇のためではなく、小手を上げることで主人に獲物の居場所を知らせているのです。猟犬の賢さをよく示す仕草でもあります。

「甲斐犬の爪は底から減っていく」。なぜか？

みなさんも機会があったら一度、雨上がりのグラウンドのような、柔らかい土の上を甲斐犬と一緒に走ってみてください。狙いは足跡の観察です。

前足の強い踏み込み、車のスパイクタイヤを思わせる土深く突き刺さった爪の跡——突き刺さるだけではなく、「カミソリのように切れる」のも甲斐犬の爪です。この足跡をみれば、いざというときには樹木にも登り降りしながら、起伏ある野山を走り周る甲斐犬の足回りの威力がよくわかるはずです。

土から一転、岩場やバラス（砂利）、アスファルトのように固い面を動くときは、爪が肉球に包まれるように形を変えます。爪と爪の間に生えている太い極毛を滑り止めの役目に使いながら、土の上を走るときとは別のやり方で縦横に走り回れる能力、これはさすが〝山犬〟と感心させられる場面です。

四〇年ほど前、野生の山犬と思しき骨が発掘され、爪を調べたところ、甲斐犬の爪とよく似ていたことから、わたしも興味を持って、甲斐犬の爪を観察してきました。あくまでわたしの実践による分類ですが、爪の色味は細かく分ければ以前は五種類、現在は少なくなって三種類。墨色の黒爪、べっこう色の爪、黒みの強い茶色の地色に縦に細い線のはいった爪の三種類が大方を占めます。爪の質は、固めと柔らかめと二つに分かれるのですが、どちらが良いか、なぜ違いあるのか、結論はまだ先のことです。

さて。もうひとつ、甲斐犬の爪について、特筆しておかなくてはならないことがあります。

それは「甲斐犬の爪は底から減る」ということ。

といっても、甲斐犬をまだご存知ない方にはピンとこないかもしれません。通常、犬の爪というのは先からだんだんに減っていくものです。刺す、切る……爪の仕事はいろいろありますが、消耗が激しいのはなんといっても爪先。ふつうはこの爪先から減っていく、あるいは、強い力を下から受けると爪に上にあがってしまうのが道理なのですが、甲斐犬はそれとは逆です。爪先が飛び抜けて硬く強いために、「爪が上がることなく、爪の底から減っていく」のが甲斐犬なのです。

この爪の強さははっきりと、山犬時代、ブチ毛時代からの引き継いだものです。

もし、御宅の甲斐犬の爪を見て、爪の底が平面的に（均等に）に減っていないとすれ

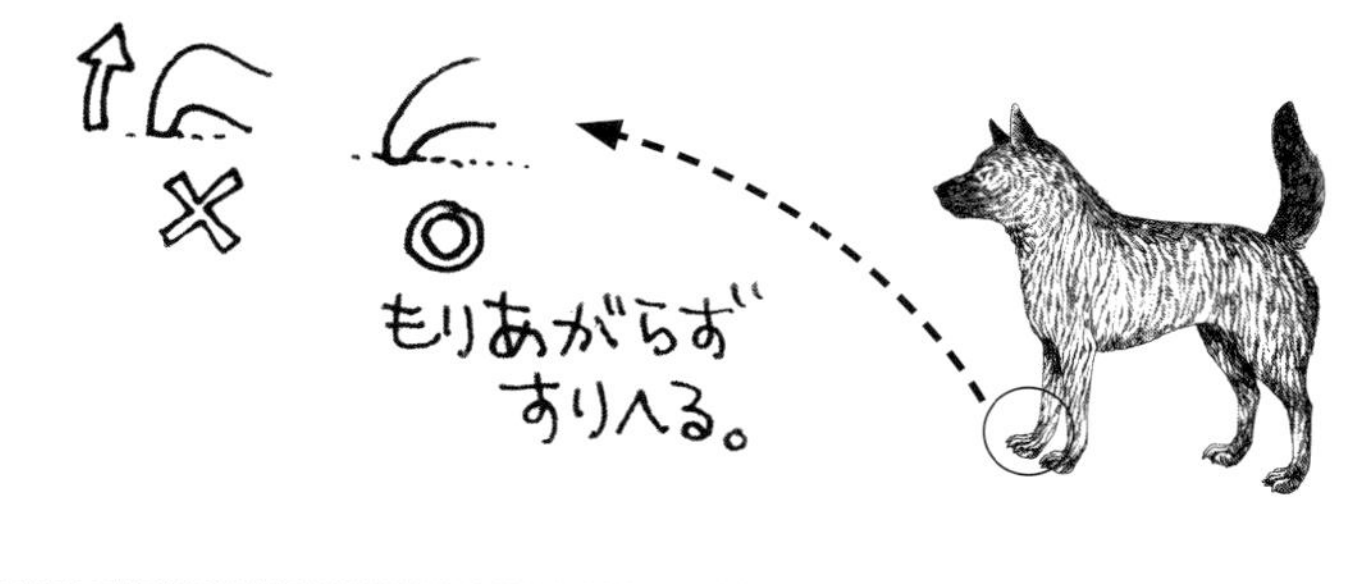

ば、疑うべきは目方が重いか、違う血が入っているか。血筋と体の構成の良い甲斐犬には見ないことですから、理由を探ってみてください。

前足、後足で比較すると、にぎりは前足の方が大きめで、後ろ足の方が小さめ。爪の減りは前足より後の方が早い。これが一般的です。体重の負荷、動きの負荷を前足で四割、後足で六割受けとめているため、とわたしは考えます。

狩猟へ一週間も引くと、爪が減って生爪にまで迫ることもあります。しかし、血が滲むほどになっても、猟欲を失わないのが甲斐犬の甲斐犬たるところ。爪の強さとともに、肉球にも厚さと強さを持つ良犬を育てていきたいものです。

後駆、臀部について

甲斐犬の後足のエンジン、飛節。

甲斐犬の後肢、地面についているにぎりから大人の手のひら分ほど上の位置に、くの字に見える曲がりがあって、これを飛節と呼んでいます。人の身体を元に考えると見間違えますが、膝ではなく、人のカカトにあたる関節です。

四つ足動物の飛節の大事さはみなさんもご存知の通りで、語るまでもないと思いますが、歩くとき、走るとき、何かを飛びこえるとき、瞬発力を発揮するとき、踏ん張るときなど、甲斐犬がぐっと前に動きだすための推進力を生み出す部位がここです。動きの中で、後肢にかかってくる体重や力を、飛節がいったんぐっと受けとめてから、引きしぼられた弓から矢が勢いよく飛び出すようにその力を弾き返す。甲斐犬らしい俊敏で自在な動きを作り出す後肢のエンジンといえば、わかりやすいでしょうか。

この飛節、角度が大切です。

角度の計り方ですが、まず飛節の後ろ側から地面に向かってまっすぐ垂直線を下ろします。そうすると、垂直線と飛節から下の足の間には扇状に少し隙間ができますから、この扇状の隙間に分度器を当てて、角度を計ってください。角度は三十度。骨量多くして太く、厚みがあること。

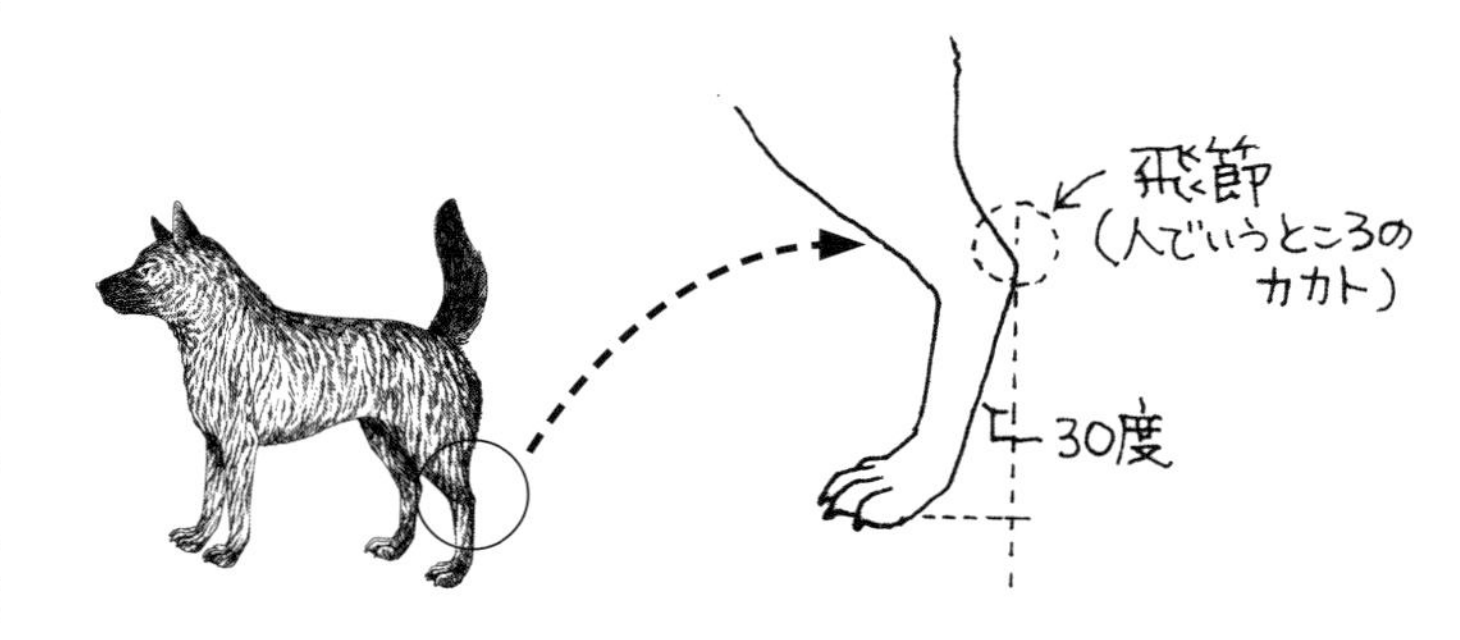

これが飛節の理想です。飛節の角度が三〇度以上と深すぎれば、折れすぎて弱々しく映ります。反対に三十度より浅いものは立ちすぎに見えます。いずれも、理想的とはいえません。

甲斐犬の姿形は、野生時代より自然の中で鍛えられ磨かれた〝自然体〟です。それだけに、猟師と山で暮らす時間より里で寝起きする時間が増えれば、体つきも変わってくるのが、自然の理とはいえ、ブチ毛時代と比べて明らかな変化を見ることも多い昨今です。

飛節の角度の深い浅いは比較上の違いですが、飛節がどうみても甲斐犬とはいえない犬、これは甲斐犬としては残念ながら認められません。実際にそういう犬を見かけたので、飼い主に聞いたところ、血統書のない仔犬をもらったとのこと。長年の実践からは、片親が甲斐犬、もう片親は別の犬種、という配合と見えました。しかし、登録がないならそれはそれで問題ないこと、生まれてこの地球の空気を吸ったからには元気でその犬の人生を送ってほしいと願ったことでした。

お尻にも理想の型あり。

丸型。丸小型。小判型。大きく分ければこの三つの型。勝手ながら、自分がつけたお尻の穴（肛門）の形分けです。丸型、丸小型は、想像がつくかと思いますが、小判型とは、お尻の穴の上下に小判班が大きく見える犬のこと。一般に小判型の甲斐犬は猟欲が強い、と言われます。わたしも同じく思うところですが、あくまで実践からの傾向とご理解ください。

型は生まれつき、飼い主が変えることはできませんが、あえて良し悪しをいうなら「大きな穴」を自分は良しとしています。さらにいうなら、元気で迫力があること。体の奥に収まり、しまりの良い穴型でありたい。色は、色素強い黒みの肌を良しとします。

子どもの頃には、こうした理想の尻型を持つ甲斐犬が多くいたものです。

もちろん、お尻の内面、体調も良いことはいうまでもないことです。内面は排泄で判断します。太い排泄は健康の証、人間と同じ。やわらかい排泄と元気のなさのつながりには要注意、よく世話をしてあげてください。

お尻の回りはいつも清潔であること。汚れているようでは管理不十分です。

余談ですが、「尻の穴の小さな奴」とよくいう言い回しのこと。人と犬を一緒に語るのは失礼かとは思いますが、実際、こんなこともいわれます。

「尻の穴の小さい犬は気が小さい」。

山へ甲斐犬を引く猟師たちが語る言葉です。わたしも同感と首を振りたい気持ちですが、さて、当の甲斐犬の言い分はどうでしょうか。

交配の姿よければ怖いものなし。

交配の機能を司るのが牡の睾丸。外観として見える睾丸には二つの姿があります。ひとつは体に接している型。もう一つは体から離れて垂れ下がって見える型。どちらが良いのか、生まれつきのものを人間が良し悪し決めることはできませんが、大先輩があるとき語るには、「他犬種と違い、密度のある長めの毛で見えないぐらいに睾丸が覆われていた方が良い」との説。睾丸を守る見地からの説でもあり、他方、甲斐の野性的魅力、昔から野武士にたとえられた姿にも相応しい、ということでしょうか。

外観からわかることがもう一つ。睾丸の数です。当然ながら、睾丸は通常二個ですが、遺伝のアヤで、一個しかない甲斐犬が生まれることもあります。睾丸一個はそれだけで展覧会失格ですから、要確認です。

どんな睾丸を持つ牡がいいか。これは何より交配を見るに尽きる話です。自分は満十一ヶ月で交配につかうこともありますが、優れた若い牡の能力の発揮の場として交配に勝るものはありません。中ぶり、大ぶりの型と交配は関係ありません。牡犬独特の馬力ある良い立ちこみの型を持つ牡犬は、交配のときにも、前後左右にスキなし、交配時の姿も鋭いものです。

さらにいえば、交配の場面は甲斐犬の馬力が表れるところ。短い牡で十五分ぐらい、長い牡で三五分と交配時間はまちまちですが、この時間は、牡犬同志の〝けんか時間〟に同じではないか、というのがわたしの調べと仮説です。どちらも馬力勝負、故ありと考える自分です。

つまりは、血筋よく、所有者に信頼あり、良い立ち込み型を持ち、生まれた性格も良し、となれば、怖いもの知らずの牡犬ということ。そこで、生れてくる仔犬がよければ最高の種犬の印。甲斐犬独特の特徴を伝える良い機能（睾丸）を持つ牡犬ということです。良い種牡は先祖代々から引く血筋の良い型を出すものです。優れた仔犬の作出を願うなら、すなわち、こだわりも時には必要ということでもあります。

理想あり、七不思議あり。甲斐犬の尾の話。

洋犬に比べ、犬全体の先祖と目される狼に近い犬といわれるのが日本犬、しかし狼の姿形を横に置いたとき、はっきり異なる点が少なくともひとつあります。それは尾の姿形。ピンと尾が立つ姿は、狼には見られない、日本犬ならではのもの。

中でも甲斐犬の尾は、太く力強い――これはいくぶん贔屓目（ひいきめ）が入っているかもしれませんが、甲斐犬のピンと空に向かった尾の勢い、甲斐犬らしさのひとつでもあります。

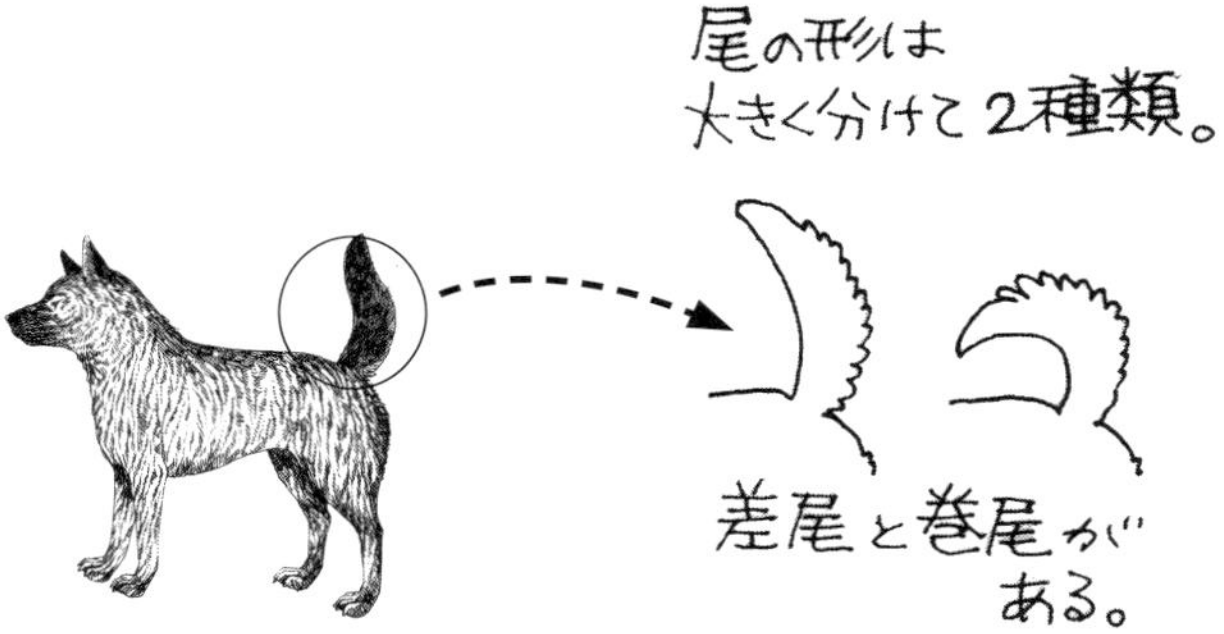

尾の形は大きく分けて2種類。

差尾と巻尾がある。

さて、尾は何のためにあるか？　人間は尾が退化した生き物ゆえ、実感が乏しいのですが、まさに多種多彩な甲斐犬の尾の役目です。

走る止まる飛び越えるは上下問わずの緩急自在、右へ左への方向転換、登っては降りの崖走り、泳いでは潜るの川渡り、丸木橋は飛び渡り、立木に登っては降りの大物猟鳥猟の正念場、掘って潜るも大得意、けんかの攻め守り、敵から仔犬を守るとき、いざ参ろうの立ち込み姿勢……どんな動きにも応じて身体の中心を取るのが甲斐犬の尾というもの、まさに動きの要に尾ありです。

甲斐犬の尾型は大きく分ければ、巻尾（まさお）、差尾（さしお）の二つ。

巻尾はその名のごとく尾に巻きがあるもの、差尾は巻がない形です。細かく数え上げれば、それぞれ十二種類は俎上にあがりますが、巻尾は細かく区別せず一重巻尾を最高の尾型として（ただし、尾の根元より極端に曲がりのある尾垂れ尾は不可です）、差尾は太刀尾、平差尾、三ヶ月尾、半差尾、平方向尾というぐらいに呼び分けているのが現在です。いずれの型も、尾の根本から先端までの長さが飛節にまで達していること――これが尾の長さの理想です。

みなさんへの参考までに、こういう尾の形は「良しとしない」という例を挙げてみます。すべて大先輩からの〝口渡り〟で聞いたことです。

毛のばらつきがある尾。むやみに広がっている毛の尾。棒状に毛が固まっている毛の尾。ネズミのような細い毛の尾。内側にウエーブをしている毛の尾。すすきの穂のように風になびく毛の尾。飛節より長い毛の尾。密度が少なく皮膚が見える毛の尾。密度があり太くても寸たらずの毛の尾（茶尾ともいう）。細く寸たらずの毛の尾――尾もまた自然からの授かりものですが、素直に太く力強く見えるもの、こういう尾の姿に甲斐犬らしさをわたしは見ます。

ところで、尾にまつわる不思議な話をひとつ。先天的か、後天的か、遺伝的か、定かではありませんが、一匹の犬の尾が変身をするということがあるのです。

通常、甲斐犬の尾が形を成してくるのは生まれてから約四ヶ月後ぐらいのこと。ところが、一年二年五年と過ぎてから、突然に素晴らしい差尾が巻尾に変り、あるいは、巻尾が差尾になる。特別な病気をしたわけでも、餌が変わったわけでもない、変わるべき理由が見当たらない、にもかかわらず、突然にこういう変身をする犬がいるのです。

遡れば尾型が変る系統の犬がいたのか、退化か進化か、大昔のカモフラージュ時代の変身が現在に出ているものか、そもそも、甲斐犬の巻尾と差尾ははたして、どのような仕組みで、あるものは巻尾になり、あるものは差尾になるのか？……考えるほどに謎が尽きない〝尾の七不思議〟、心の中で仮の説をあれこれ広げてみるのも、甲斐犬研究の道楽のひとつと楽しんでいるところです。

第四章 甲斐犬の〝謎〟は語る

甲府盆地周辺に数多く残る縄文時代の遺跡。中から見つかったという馬や犬の形どりではないかと思われる土偶や犬の骨は何を物語る？　縄文時代の元祖甲斐犬ははたしてどんな犬だったのか？　遺跡と対面しているとさまざまな甲斐犬の〝謎〟に思いが巡る。写真は中央高速道釈迦堂インターに隣接した釈迦堂遺跡博物館。

一、猪型、鹿型を巡るひとつの誤解とひとつの謎

猪型と書いて「ししがた」と読みます。これと対になるのが鹿型(しかがた)。どちらも、甲斐犬の体つきをひとつのタイプとして表したもので、師匠の時代から甲斐犬（ブチ毛）にはこの二つの体型がタイプとしてあることは地元のブチ毛、甲斐犬好きには知られていました。もちろん、人間にも体つきのタイプがいろいろあるように、共通の祖先の血は同じように引いているれっきとした甲斐犬です。体つきの系統が異なる、ということです。

意味するところは読んで字のごとく。猪型は、猪を思わせるような、がっちりとした骨格に力感ある筋肉を合わせ持つ体型。鹿型は、鹿を思わせるような、すらりとした骨格と引き締まった筋肉を合わせ持つ体型。甲斐犬の体型を獲物の体型になぞらえたところに、昔の人の粋な計らいを感じさせる話です。

猪型と鹿型の解釈で起きた思いがけない誤解。

さて、こうして猪型、鹿型という体つきの分け方が出てくるのも、見た目に一方はがっ

ちり、一方はすらりという違いが映るからですが、師匠によれば、違いはあくまで骨格と筋肉のつき方によるもの。たとえば、鹿型の胴は、あばら骨四本が浮き出て見た目にもわかるぐらいですが、これはやせているのではなく、引き締まった筋肉が骨格に沿ってついているためなのです。つまり、太くがっちりして力型に見えるのも自然体、細く敏捷型に見えるのも自然体、骨量はほぼ同じである。同じような体高、体長なら目方（体重）はほぼ同じ、というのが猪型、鹿型への大先輩方の共通の理解でありました。

ところが、世の中、行き違いということはよく起きるもので、甲斐犬を〝肌身離さず〟暮らしている本場の人間にはあたりまえのことが、何をどう間違ったか、意味がまったく変わって世の中に伝わってしまう、ということが起こりました。

いわく、〈猪型は猪を追う型である。鹿型は鹿を追う型である〉。

甲斐犬の歴史にご興味のある方はどこかでこれに類することをお聞きになったか目にされたことがあるかもしれません。

猪を追うから猪型といい、鹿を追うから鹿型という——猟の現場を知らなければ、そういうこともあるのかとなんとなく了解されてしまうような説明ですが、いまお話ししたように、この解釈は本来の意味からは遠い——というより、明らかな間違いなのです。ぜひ、みなさんには本来の意味のままに理解をしていただきたいと願いながら、この話、もう少し続けます。

ことの起こりは、日本犬種、草分け当時の混乱。

「日本犬を犬種として保存保護するべし！」と立ち上がり、全国各地に日本犬の保存会をつくってくれた先人がいたおかげで、ブチ毛も甲斐犬となって保護されるようになった……経緯は簡単に先にもお話しした通りです。

時は昭和の初め頃――いうまでもありませんが、携帯やインターネットのない時代です。どこにどんな地犬（その土地に根ざして生き延びてきた和犬）がいるかをまず調べる必要があったわけですが、先人たちも頼りになるのは自分の目と耳、足しかない。先に紹介した甲斐犬愛護会の安達太助初代会長の文章を改めて読んでいただくと、みなさんにも当時の先人たちの苦労がよく伝わろうかと思いますが、しかし、限られた人の目や耳に頼った探し方というのは、自ずと限りがあるものです。甲府の駅周辺のことは目に入っても、いまなら車で数分の近さにある旧甲州街道沿いのことは知る機会もなく時が過ぎてしまう、ということも当時の事情ならさもありなんと理解できることです。

「そうやって、日本犬のことを調べて歩いた先生方が、猟師からブチ毛の子どもをもらったり、ブチ毛の話を聞いたことが甲斐犬愛護会や天然記念物指定に役に立ったことは間違いない」――そう語っていた師匠はじめ、大先輩方の言葉を思い出します。猪型、鹿型の誤解が流れたことに対する先輩方の見方はこうでした。

「ただ、甲斐犬の草分け時代、甲斐犬の保存や保護に力を尽くそうした先生方の多くは外から来た方だった。日本犬好きでは人後に落ちない方も、ことブチ毛についてはほとんど知らないも同じだから、そういう方が猟師に聞いたことの意味を正しく理解できたのかどうか。猪型がある、鹿型があると聞いてどう受け取ったか。なまじ猪や鹿はブチ毛が追う獲物だから、猪追いの得意なブチ毛がいるという、犬の個性ともいえる猟欲の話を猪型鹿型の説明として受け取ってしまったか……いずれにせよ、聞き取りをした先生方の勘違いか、早とちりが広まってしまった、ということだろうね」

「猪型が消えた」という説の謎……。

さて。この猪型、鹿型の話には、もうひとつ世に流れている謎の話があります。

いわく、〈猪型はある時期に絶滅してしまい、いまは鹿型の甲斐犬しかいない〉という説です。

わたしの子どもの頃といえば昭和十年代ですが、この頃の甲府盆地、とくに旧甲州街道沿いには、猪型も鹿型も共にたくさん大事に飼われていたということ、これはわたしの師匠や先輩方がはっきりとよく語っていたことです。

それが「消えた」といわれるのはどういうことか？

わたしの見方、結論を先にいえば、「猪型は消えたわけではなく、猪型そのものの形が変化したこと、鹿型と混じり合う犬が増えて猪型的個性を強く感じさせる犬が少なくなった」ということです。

師匠の話やわたし自身の実践を踏まえながら振り返ると、昭和十五年頃からだんだんに猪型自体の形に変化が出てきたことは確かなことだと思います。

その変化に加え、猪型と鹿型の配合も進んだことで、いかにも猪型らしい甲斐犬が少なくなってきたのです。

「しかし、それが猪型が消えたということではないか」と言われる方も当然いらっしゃると思いますが、薄くなったとはいえ、猪型の特徴を残した犬はいまでも散見できます。ただ、その個性の違いは「見る人が見ればわかる」ぐらいに細やかな違いになっていることも確かですから、なかなかここがこうとは説明しにくいところはあります。

みなさんには、何より「猪型は消えたわけではなく、鹿型との混合の中にも系統は息づいている」ということをここではご理解いただいて、今後、風向きが変化して、猪型らしいがっちりとした甲斐犬が脚光を浴びて猪型主流の時代が到来したときには、「そういえば……」とぜひこの話を思い出していただきたい。お願いともひとり言ともつかないそんなことを考えている次第です。

二、甲斐犬のルーツの謎を巡る

ルーツ探し。何事においても心惹かれる方、おありかと思います。

かくいうわたしも、「甲斐犬、はたして何処から？」という思いと一緒に暮らして、半世紀が過ぎました。

鎌倉時代かあるいはもっとその前か、仏教やぶどうと一緒に渡ってきたのがブチ毛の先祖だろう——つまりは大陸からの渡来説を唱えていたのがわが師匠。この話は先にも触れましたが、逆に日本古来の土着犬説を採っていたのが自分です。

甲斐犬に限らず日本犬と呼ばれる犬の歴史が、千年二千年ということでは浅すぎる、それよりはるかに昔、何万年も前からこの日本列島に住み着いている土着の犬であってほしいという願いも込めてのことは確かですが、実際の話として、古代の犬の骨が縄文遺跡から見つかったという話はひとつふたつではなく、全国各地の遺跡研究から聞くところです。古代の日本で人と犬は一緒に暮らしていた。これはまず間違いないところ、と自分は踏んで、さらに一歩踏み込んで、ブチ毛につながる印はどこかにあるはず、そう思っていたところ……

国立博物館所蔵、つり目の土偶。

地元のみなさんはよくご存じのことと思います。

甲府盆地の東側、笛吹市御坂町黒駒にある御坂中丸遺跡（縄文早期、いまから九千〜七千年前だそうです）から出土した、不思議な顔と姿をした土偶のこと。黒駒土偶――いまは国立博物館に所蔵されているこの土偶、大正時代に発掘されました。この土偶の写真、顔と姿が、よくある、人をかたどった土偶とは明らかに異なります。

頭の上、左右に丸みのある突起がひとつずつ。頭の上の突起といえば、角か耳か。甲斐犬好きの色眼鏡を外しても、これは〝立ち耳〟、間違いないところと見えます。

目は上がり目、目端のきれ強く、口は左右と鼻に向かって切れ、両頬に長いひげを思わせる線状の模様、そして肩から前足付根にかけて点々模様——自分には虎毛模様に見えるのです——そして、胸に添えている左手、これもまた不思議に指が三本しかない、右腕というと折れてなし……。

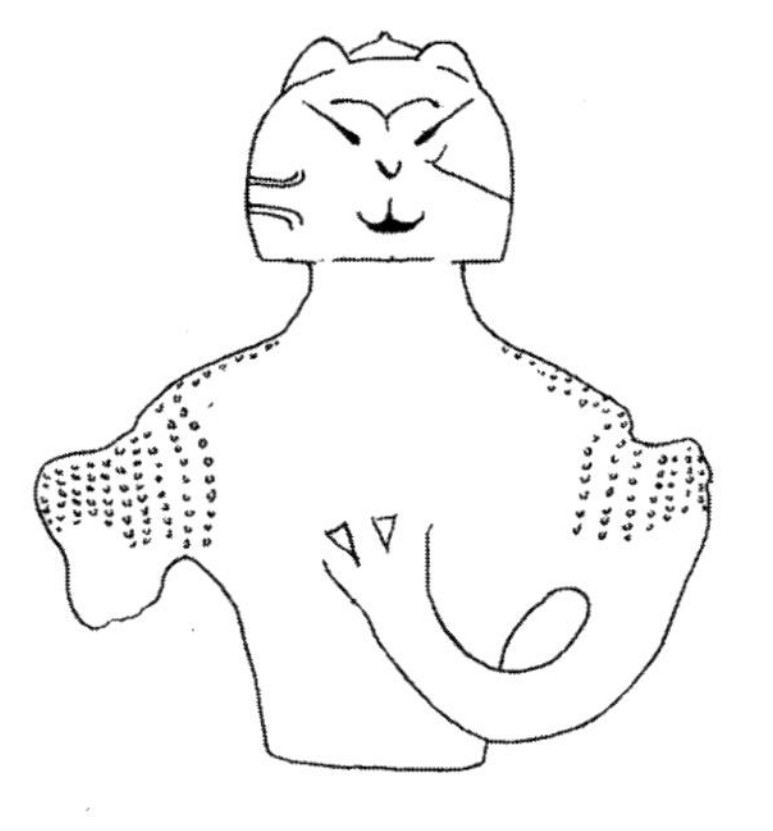

目も口も指も明らかに動物の似姿と思しき黒駒土偶。犬とすれば、甲斐犬のふるさとからの出土だけに甲斐犬の祖の可能性が大いに……。本物は国立博物館蔵。

この黒駒土偶、みなさんも写真か何かではご覧になったことがあるかと思います。猫とも、犬とも、狼とも、確かにはいえないまでもそれに近いもの、とわたしには見えるのですが、みなさんの見立てはいかがでしょうか。

専門の先生に質問をしたところ、詳しい解明はまだできないが、縄文中期の遺物で、古代の信仰にゆかりのある意味深いものではないか、と聞きました。おそらくそのような物かと思いながら、それにしても甲斐犬によく似ている姿形と、後ろ髪を惹かれる思いが残ります。

なにしろ発掘場所が笛吹市御坂町という甲府盆地の一角、つまりはブチ毛の里です。犬に近い動物の姿をかたどったとすればブチ毛の先祖の可能性は大いにあり、と自分は見込んでいますが……専門家の解明が真実を語る日まで、黒駒土偶は〝甲斐の国へ古代人がくれた宝物〟と、ひとまず自分の胸のうちにしまっておこうと思っております。

人の耳には聞こえないが犬には聞こえる古代笛。

遺跡からの出物の話をもうひとつ、と思いながら、少々寄り道をご容赦願います。

同じ遺跡にちなんだ話ですが、ご存知のように、甲府盆地周辺はたいへんに遺跡の多いところです。わたしの子どもの頃の遊び場のひとつだった裏山にも藤塚と呼ばれる円墳がありました。切り出した石がごろごろある——これが積み石古墳の跡だと知ったのは、しばらく経ってからのことですが、中央本線の北に山裾を延ばす横根山にもこの石積みの円墳があります。わたしの家から車で十分ほどのここも子どもの頃からの〝庭〟、よい谷川もあり、沢ガニ取り、ハヤ釣りに熱中したものですが、この山は〝石の山〟で、よい石が出たことから、昔から石材を切り出す山として地元では知られていました。この山のふもとにあたる酒折や善光寺のあたりには昔から石職人が多く住んでいて、いまでも店開きしている石屋はあちらこちらで目にとまります。そんな石の山ですから石積みの古墳があっても不思議ではないのですが、数が百以上あるといいますから、よほど大きな集落があったのか、と思います。

先にも少しお話しましたが、この横根山に連なる左右の山々は昔より、良い猟場として猟師やブチ毛飼いの間では評判でした。熊、猪、鹿と大物猟の山です。猟師も大勢おり、猟は現在でも盛んです。横根山の高さは八二〇m程度と高さはありませんが、裾野には青梅街道に、中央本線、そしてブチ毛の本場である天下の旧甲州街道。界隈を自由に走り回るブチ毛の姿は、ごくあたりまえの景色でした（わたしが子どもの頃は、犬はほとんど放し飼いの〝自由犬〟です）。

山にはいって見晴らせせば、湖の底のような甲府盆地が開けて、南の山の連なりの向うに富士の山頂です。山の幸を糧に生きる人と犬にとってはよい環境の村であったと、いまも振り返って思います。


さて、戻って今度は甲府盆地の南側にある遺跡、釈迦堂遺跡の話。

見つかったのは、御坂中丸遺跡よりもだいぶ最近のこと（昭和五十五年）ですが、中央自動車道の工事中に見つかったという縁が、発掘後に釈迦堂のパーキングエリアから直接入ることができる遺跡博物館へとつながったと聞きます。

ここもやはり縄文時代の遺跡です。甲府盆地の北端に近い我が家からはやや離れているので、何度も足を運んだわけではありませんが、国の重要文化材といわれる土偶、土器、石器が六千点近くある立派な遺跡博物館です。

さて。この遺跡から出た古代の犬にまつわる遺物とは何か？というと――犬の骨も出てきたと聞きますが、興味深いのは犬笛と思しきもの。台形を逆さにして上の長い辺の下に穴を開けたような形に見えます。逆台形の下を持てば、確かに、鳥笛か何か、笛のようには見えるものの……黒駒土偶と同じで、定かにこうだとは決められないのが古代の遺物です。

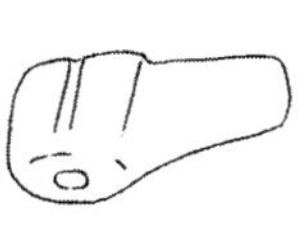
釈迦堂遺跡から出土したという奇妙な形をした道具。用途は諸説あるが、犬笛説もそのひとつ。

ひとまず笛ではないか、という仮説から、鳴らしてみたところ、人間の耳には聞こえないが犬には聞こえる音が出たという――周波数でいえば、二万ヘルツ以上の高周波です――これが、古代犬笛説の根拠と聞きました。

犬には聞こえるが人には聞こえない音がでる笛――。

甲斐犬のルーツを知りたい人にはなんとも想像が膨らむ話です。

甲斐犬のルーツに狼あり?

古代犬の先祖に古代狼あり、とは近頃の研究でもよくいわれていることですが、甲斐犬こそ狼から進化して間もない古い犬の系統を濃く引くものではないか、と語る巻の説もあり、それに似た自分の思いも重ねながら、諸説興味深く聞いております。

先に語りました狼の頭の骨（定かではありませんが）を燃やしてしまった笑い話、間の抜けたことで申し訳ないような話でしたが、みなさんにお伝えしたかったのは、この地域には古くから狼にまつわる言い伝えが確かにあった、という事実です。絶滅したといわれる日本狼ですが、習俗として人の里には残っているのです。それは何を意味するのか、と頭の片隅で謎解きを巡らせながら、甲斐犬の作出を手がけてくると、犬と狼という種の違いはあるにせよ、山暮らしをしていた狼の血に似た何かが甲斐犬には色濃く流れているのではないか、そんなことも考えます。

狼と甲斐犬のつながりといえば、だいぶ昔のこと、わたしが五歳ぐらいのときだったと思いますが、甲府の動物園に中国狼と甲斐犬の合いの子が生まれたことがありました。新聞などにも取り上げられて話題になった出来事です。わたしも子どもも心に興味津々、期待をして動物園に行ったことを覚えていますが、残念ながら、長生きせず、それから間もなく亡くなってしまいました。子どものときの記憶ですから、見たままの印象が残っているだけですが、狼と甲斐犬の子どもだからさぞかし野生的で元気に違いないと思っていた期待とは裏腹に、弱々しくおどおどとしてした姿をいまでも覚えています。生まれつき身体が弱かったのかもしれません。「生き物とは人間の期待通りにはいかないものだ」と、自然から授かった命の扱い方について、考えさせられた出来事でもありました。

ピートンルアンの虎毛犬。

舞台は変わって東南アジアです。

あるとき、知り合いが東南アジア方面に行くと聞いたので、無理を承知でこんな頼みをしたことがあります。

「耳が立っている虎毛の犬がいたら、全体の姿、顔の大写し、前後の足、その犬の生息場所などの写真を撮って来てくれ」

元祖甲斐犬探しで東南アジアへ、というと、意外に思われるかもしれませんが、広い狭いはあっても四方は海の日本列島です。甲斐犬渡来説をとるなら、北方南方、どの方角から入ってきてもおかしくない――という名分はともかく、自分なりの根拠はこうです。

ピートンルアンという山岳民族のことをお聞きになったことはあるでしょうか。わたしもこれは伝聞で知ったことですが、タイ、ミャンマー、ラオスといった東南アジアの国が隣り合う山奥の中で暮らしている民族でその数三百人弱ともいう希少な民族である、そう聞きました。

このピートンルアンの人たちは、インドシナ半島の山岳地帯を狩猟をしながら渡り歩く狩猟民族で――話はここからが大事なところです――この人たちが狩りをするときに引いていく犬がいる、と。その犬が虎毛の甲斐犬に似ているという話がどこからか耳に入ってきた。なぜその犬を連れていくかといえば、獲物のにおいを嗅ぎ分ける能力が高いからだという話。狩猟民族が信頼する虎毛というだけでも、気になっていたところに、ちょうど東南アジアへ行く知人が現れたので、これ幸いと東南アジアの甲斐犬探しを本気で頼んだわけですが、東南アジアといっても街もあり海もあり、考えてみれば、国境接する山奥まではそもそも近づけるものかどうか……頼まれた知り合いも、内心は困っていたのかもわかりません。

結局、ピートンルアンと虎毛の話は、そこまでです。

さて、東南アジアの山奥に虎毛はいるのか、いるとすればどんな虎毛か、その虎毛は甲斐犬とどんなつながりがあるのか？……甲斐犬のルーツの謎は、語れば語るほど広がるばかり。しかし、これがまた語りを誘って興味尽きないところで、甲斐犬好きにはたまらない〝話の肴〟に……。

三、「猟犬」甲斐犬の知られざる顔

この話は甲斐犬の謎というより、「甲斐犬の知られざる顔」といったほうがよいことかもしれません。いうまでもありませんが、どんなに時代が進んでも変わっても、「甲斐犬の本質は山の猟にあり」です。こればかりは変わらない、変わってはいけないことと思います。

しかし、里でばかり甲斐犬と付き合っていると、山で生き抜いてきた甲斐犬の本当の姿、髄は見えてこないものです。山の猟の現場でしか見せない猟犬としての甲斐犬の姿は、いま甲斐犬を飼育されている多くの方にとっても「知られざる顔」ではないでしょうか。そんなことを思って、わたしの拙い経験をまじえて、山の甲斐犬の髄を少々お話しすることにいたします。

犬がゴムまりみたいになって落ちる谷。

中央本線の北側の山も良い猟場だったこと、いまお話ししたばかりですが、わたしが三十年以上前、仲間とよく猟に入っていた頃、主な猟場としていたのは、甲府盆地から静岡に抜ける富士川沿いの山々、昔は、南部氏の管轄だった身延山の近くです。

身延山にある久遠寺は有名で桜の時期は花見と参拝兼ねてにぎわいますが、猪の猟場として昔から知られてきたところでもあります。

山に登る方はよくご存知のことですが、山と一口にいっても形や姿はさまざまあって、高いから険しいかというとそうでもなく、低いからとあなどると大変な目に遭う……。これが山という自然の懐深いところです。身延山あたりの山というのも、高さのわりにあなどれない、そういう山です。ご存知ない方は、一度、身延線に乗って富士川を下ってもらえばよくわかります。南アルプスとはまた異なる厳しさのある山肌の迫りがあります。

さて。この山で猪を獲る。これが猟犬甲斐犬の仕事です。

もちろん、山に入ったからといってすぐに猪が見つかるわけではありません。においを追って猪の気配を探す。これが甲斐犬の最初の仕事ですが、みなさんは、山の中に猪が通る道があることをご存知でしょうか。

その風貌から、ところ構わず走り回っているふうにも見える猪ですが、実際は律儀に決まったところしか通りません。ひとつの山に道は三本しかない――こういわれているのが猪の道です。たった三本の道をにおいで見つけ出す――このことを〝におい取り〟とも猟犬の世界ではいいます――のが甲斐犬の鋭い嗅覚。人間の数千倍もあるというこの嗅覚の髄を発揮する場が山の猟場、先祖代々が育った〝故郷〟でもありますから甲斐犬にとっても望むところの真剣勝負の場です。

それにしても、この身延の谷へ一気に落ちていくような急斜で犬が猪追って動き回るのは容易ではないこと、何度も強調したいところですが、人は当然のこと、犬もうかつには降りられない斜面、ここを軽々と俊敏に降りていくのが猪です。体のわりに短い足がこういう場所では有利に働きます。

うまく追い込まないと犬も谷筋へ誘い込まれて、ごむまりみたいになって落ちてくる――何度も見た光景ですが、これが身延の山の猟場です。谷へ落ちれば猪が有利、猪の牙は刃物ですから、それで甲斐犬の柔らかい腹をえぐられれば、命にかかわる大傷を負うのは必定、猪を追うのは甲斐犬にとっても命がけなのです。

冬。猟の日。

猟の盛期は冬。猟期は通常二月十五日までと決まっています。

朝早く、薄暗いうちに犬を車に乗せて猟場へ向かいます。甲斐犬は賢いもので、猟も二度目となれば、車を出しただけでもう猟だとわかっていますから、何の手もかかりません。山道に入れば一本道。二トン車でもういっぱいの道ですからわたしは軽で入るのが常でした。猟場に入れば、まず夕方まで猟をやって、夜は持っていた車を仮の宿に、日がのぼったらまた猟を始める。この繰り返しです。何日も山にこもる猟師も多いですが、たいへんに体力のいる仕事です。猟師は好きだから苦にならないのかとは思いますが、真剣に山に入れるのは四十代までと自分は思います。猟をやってわかったのは「自分はやっぱり甲斐犬飼いだな」ということ。体力もそうですが、一方で甲斐犬をつくることをやって、一方で動物の命を殺めることをやる、というのもどんなもんでしょうか。どっちが本当かわからなくなります。仕方がない事情でもない限り、長くやるもんじゃない、といまは思っておりますが。

さて、戻って猟の話ですが、犬は二匹三匹と連れていきます。もっと多いこともよくありますが、二匹三匹で後ろからと横から猪を囲んで追い詰める。これが定石です。後ろからと横からというのが大事です。前に回ったら、猪の牙でスポーンとやられて終わりです。

熊や猪といった獲物を狙う猟を大物猟といいます。大物猟はひとりではむずかしいことですから、何人かで組んで、熊や猪を囲い込みながら追い込んでいく。こういう猟のやり方を他の地域では「巻狩り（まきがり）」というようですが、わたしが猟で山に入っていた頃はタツマ猟と呼んでいました。

大きなタツマ猟になると、数人の鉄砲撃ちと数人の勢子（追い出し役）が組んで仕事をします。鉄砲撃ちは、タツマといって、獲物が追い込まれる場所に待ち伏せして、獲物が来るのを待つ。獲物を追い出す勢子は、タツマのいる方

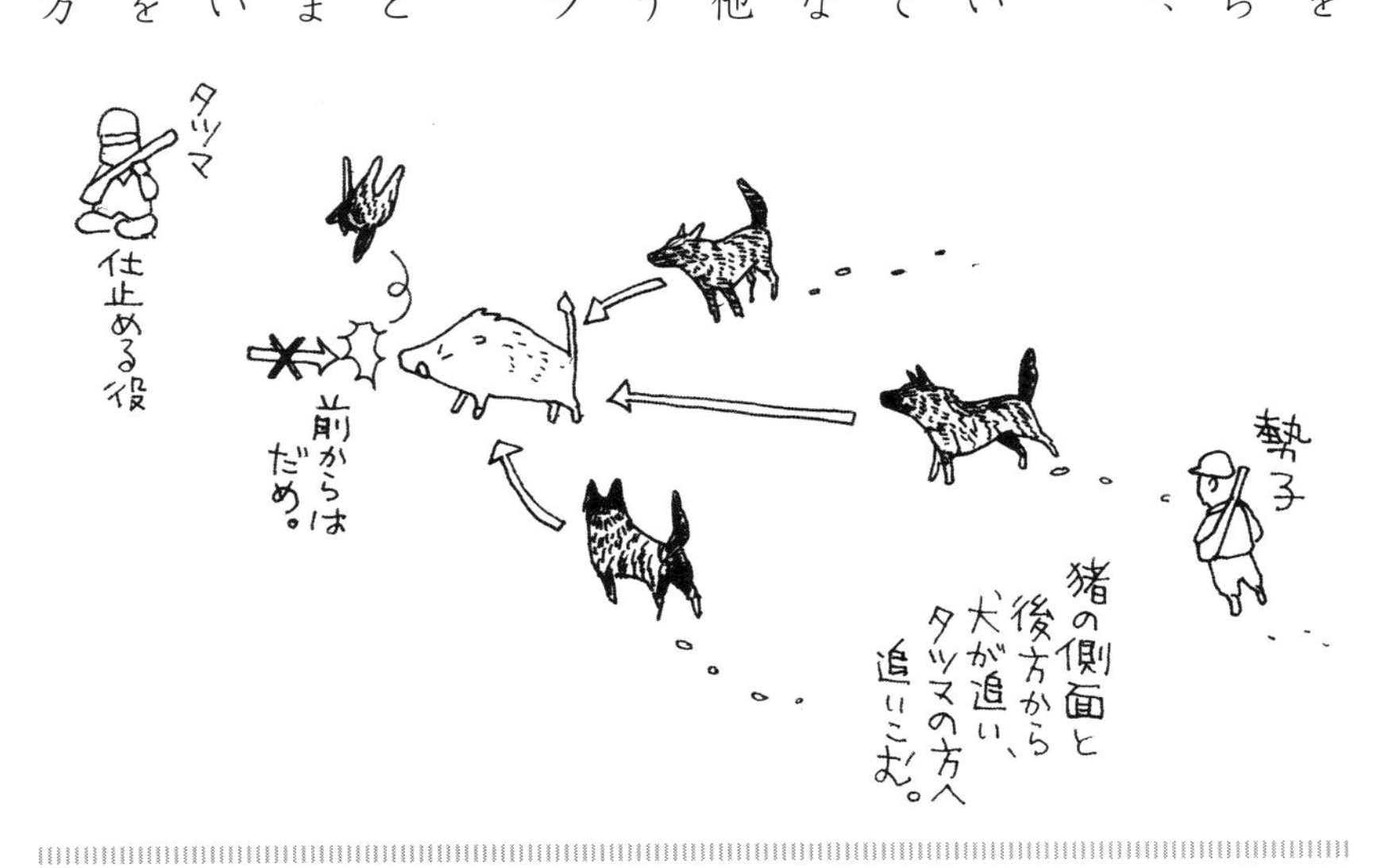

向に向かって、何匹かの犬を使いながら獲物を追い込んでいく。役割分担です。

追い込みを始める前に、ミーティングをして、「おたくはここへ行ってくれ」「おたくはここだよ」と配置を決めておく。「動いちゃだめだよ」とくどくいっても動いてしまうのが人間、経験の浅い人はとくにそうです。「タバコ吸っちゃだめだよ」「火を燃やしちゃだめだよ」といっても、同じです。寒くて雪の中ですから、気持ちはわかりますが、追われる猪にしたら〝ありがたい〟ことです。

冬山で甲斐犬。その知られざる強さ。

冬山の厳しさはみなさんも経験のあるところと思いますが、厳しいところだけに甲斐犬の「知られざる顔」を人間によく教えてくれるところでもあります。

冬山に霧が立つと、あたり一面、真っ白になり、手を伸ばした先もわからなくなることがあります。目に頼る人間はこうなるとお手上げですが、こうした霧の目くらましも甲斐犬にはまったく効果なし。しばらくすると獲物を追った先から戻ってきて、霧の中から勢い良く飛び出してきます。〝におい取り〟の話でも触れましたが、人間の何千倍もあるという嗅覚の鋭さが、本来山育ちの甲斐犬の持ち味です。目より鼻を頼りに山を駆け回ってきたブチ毛時代の姿が重なって見えてくるところです。

もうひとついえば、「霧をものともせず主人の元に帰ってくる」というこの性質が、甲斐犬好きをうならせる本性のひとつです。一般には「帰家性（きかせい）」と呼ばれてどんな動物にも備わっている性質ではありますが、甲斐犬はとくにこの「帰家性」が強いのです。一生一主人にしか従わないといわれる忠実さもこの「帰家性」から来る甲斐犬らしさですが、この性質が見事な行動となって示されるのはやはり、猟場でのこと。獲物を追いかけ、主人のいる場所から一山も二山も越えた先まで行くことも珍しくない猟の折々で、呼び戻せば必ず戻ってくるのが甲斐犬です。深追いしすぎて戻るまでに時間がかかることはありますが、先にも「心配しすぎの親心」だったわたしの経験をお話ししたように、はぐれることはまずありません。

ただ、狩猟中はアクシデントが起きることがありますから、状況次第では甲斐犬自身の独自の判断が加わってきます。主人と最初に分かれたところに戻るか、駐車した車のところに戻るか、あるいは自分で家に帰らなければいけないのか。甲斐犬はそこまでの行動を自分自身の判断で決められる能力を持った犬です。山の中で、独力で、何万年と生きのびてきた能力、といえば簡単ですが、甲斐犬が日本犬好きの多くの人を魅了する理由のひとつといって間違いない気質です。

嗅覚について余談を語れば、鋭さは危険なにおいに対してとくに過敏です。とくに反応するのは化学薬品のにおいのように、自然界にはないにおい。ブチ毛が火事を知らせたという話を先輩方から聞いたことがありますが、嗅覚の知らせと考えれば納得できることです。一方、人間からするとどうしてこんなにおいが平気か？と訝ることもあるのが甲斐犬の鼻です。火事や化学薬品の逆で、自然なものから発生するにおいに対しては鷹揚ということかもしれません。

冬山の気温は氷点下になることもよくありますが、冬山で冷え込んだときに困るのは水です。土の中の水分は十五センチもあるような霜柱になってしまいます。雪なら舐めればいいのですが、霜柱では……と心配するのは実は人間だけ。ブチ毛はなんのその と、ばりばり霜柱ごと食べてしまう——まったく、骨の髄まで〝山育ちな〟甲斐犬の頼もしい一面ではあります。

甲斐犬は先頭犬である。

ご存知のように、群れの頭をとる犬、先頭犬は群れのリーダー役です。巻狩りも大掛かりになると、何人かが犬を連れて入ってくるので、ふだんは違うグループの甲斐犬がひとつの群れになって、一緒に猟をするという場面も出てきます。

甲斐犬の気質が裏目に出ることがあるのはこういうときです。

甲斐犬は元来、先頭犬なのです。「自分がいちばん先に獲物を追う！」という猟犬ならではの気質、気迫は牡牝問わず、猟の正念場ではまさに頼りになるリーダーなのですが、みなさんご想像の通り、先頭犬ばかりでは群れづくりはうまくいかないのです。かといって、無理やり人が群れづくりをしてしまうと、先頭犬になれなかった甲斐犬は走るのさえ嫌がってしまうこともあります。

先頭犬である甲斐犬にも一長一短あり、ということでしょうか。

若い甲斐犬の場合は、猟を学ぶ段階ですから、他のグループにあえて入れて、猟の仕方を学ばせるということも良い方法です。人が手をかけなくても、先生役の先輩犬たちから学ぶ力を持っているあたりにも、甲斐犬の賢さがうかがえます。

どんな犬を先頭犬として連れていくか。

さて、先頭犬の役割は群れを率いるだけではありません。獲物のにおいを嗅ぎつけたらまず吠え声で主人に知らせ、獲物を追いかけます。大物猟の名犬の中には、タツマを張った（待ち伏せしている）山に獲物がいないときは、遠吠えで知らせるという賢さを見せるものもいます。

いよいよ、相手を追い詰め、ここからが正念場という場面。甲斐犬の役目は相手を逃がさないことです。「止め」といいますが、獲物に噛みついて相手の体力を消耗させる。これを根気よく続けるのですが、相手も山の主、簡単にはへばりません。かつて、正味八〇・七キロの猪を仕留めたことがあります。甲斐犬の体重は通常十四、五キロですから五倍以上ある大物。これに食らいついて相手の動きを止めるのですから、さすが甲斐犬と唸らされました。

「先頭犬の働きいかんで猟の勝敗が決まる」と明言するのはプロの猟師たちです。猟の成否がそこにあるなら、鍵は「どんな犬を先頭犬として連れていくか」です。

当然のことですが、なによりまず猟に対して強い意欲のある犬（猟欲のある犬）を選ぶことです。猟欲がしっかりある犬なら、毛色や尾の型のような姿、形にはこだわらず、帰家性に優れた〝呼びのきく〟犬を選ぶこと。銃撃音を怖がらないことも猟場では必要なことですが、これは訓練次第で克服できることです。

歯は、前にもお話ししましたが、完全歯に勝るものはありません。獲物に食らいついての「止め」は、歯と顎の強さがあってこそ。欠歯があれば当然、食いつきも弱くなり振り払われる可能性が高くなります。いったん食らいついても歯の根元が弱ければ、牙ごと持っていかれてしまい、攻勢が一転、自分の命が危険にさらされることにもなります。

欠歯を防ぐには、やはり交配への配慮です。ようやく最近、昔は多かった欠歯のある甲斐犬が少なくなり、地味ながら努力の実りを感じているところですが、配合を心がけてから、もう二十年以上経ちます。良い甲斐犬をつくるという仕事も、みなさんの仕事と同じように、長く根気のいることだと、これも甲斐犬から教わったことです。

第五章 甲斐犬と共に生きる知恵を

甲東の富士姫の子ども時代。著者自宅前にて。

我が家に甲斐犬の仔犬がやってきたときのことをいまでも思い出します。

わずか八歳の頃の甲斐犬との出会いが途切れることなく、八十年近く続いてきたことは、何の力か、だれのおかげかと、考えるまでもないことですが、甲斐犬との出会いをこうして授かったのも、この甲府盆地（広くいえば日本列島、さらにこの地球ということですが）の野山あってのこととありがたく思います。

最後は、実際に甲斐犬を飼っている方、これから甲斐犬を飼ってみたい、という方のために、わたしが拙い実践から学んだことをつづめてお話ししたいと思います。犬も人も自然の賜物、何億年何十億年という長い時間の中で培われてきた自然を背負った生き物です。くらべれば甲斐犬の八十年の歴史など指先ほどにしかならない短さですが、それでも、甲斐犬のはじまり、由来を踏まえた実践の中には、何かしらお役に立てることもあろうかと思います。「甲斐犬と生きる知恵」というほどのことがあるものかどうか――ともあれ、みなさんの一助となりましたら幸いです。

甲斐犬を飼う前に。

犬を飼う方がたいへんに増えている時代と聞きます。お話ししたように、わたしの子どもの頃は、半ば放し飼いも許された時代、同じ犬を飼うにも、その頃の常識といまの常識ではだいぶ異なります。室内飼いの方も多い昨今、甲斐犬は野生時代の習性を色濃く引く、いってみれば〝古い犬〟ですから、姿形に惹かれて飼ってみたものの、いざ一緒に暮らしてみると思うようにいかない……ということも起こりえます。甲斐犬を飼う前に知っておいていただきたいことをまずお話ししたいと思います。

◎甲斐犬は外飼いの犬である。

ここまでお読みいただいた方にはくどくお話しするまでもないことですが、甲斐犬の本質を成す気質は、自然の野山を舞台に鍛えられた狩猟という経験の中にあります。この気質なしに、姿形だけを追うことは、甲斐犬という犬種の特質を損なうこと、とわたしが考える所以です。

この気質を育てるには、少なくとも、外飼いの条件を整えることが必須であろうと思います。動物は育て方によって、本来の気質や能力が健全に出てこないことがよくあります。室内飼いの愛玩犬的な、いわゆるペット的な育て方でなく、少なくとも外飼いを常としながら、散歩や遊びも甲斐犬の満足いくほどにできる。そんな環境を整えていただけたら、甲斐犬の奥深い気質や能力と出会い、理解も深まることと思います。飼い方には人それぞれお考えがあること、矩（のり）をこえて申し上げることはできませんが、これは長年の甲斐犬飼いからのお願いです。

◎甲斐犬は「吠える犬」である。

猟の話の中でもお話ししましたが、「吠える」ことも猟犬である甲斐犬の特質です。獲物の居場所を吠えることによって主人に知らせる、吠え声で相手を威嚇する。これができない甲斐犬は優秀な猟犬にはなれない――みなさんにもご理解いただいているところです。ですが、この特質が里、街の環境ではどうか。意見の分かれるところだと思いますが、何を大事にすべきかといえばやはり、甲斐犬の特質、らしさこそ、ではないでしょうか。むだ吠えをして主人にも従わない、というような場合は、個々の犬の性格や調教の問題が考えられますから、これは別の判断が必要ですが、一般的には、まず「吠える犬である」ということを良い意味でとらえた上で、適切な調教を施し、周囲の方々の理解にもしてもらえる環境を整えられるかどうか。こうしたことを事前に、ぜひご一考いただけたらと思います。

仔犬を譲り受けるとき。

◎譲り受ける適切な時期は生まれて三十五日から四十五日以内。

さて、甲斐犬を受けれるための条件が整ったところで、次はどんな子を譲り受けたらいいか、ということになります。

甲斐犬は賢い犬です。生まれた場所をよく覚えている上に、一主一代という飼い主に忠実な気質ですから、大きくなってしまった甲斐犬を譲り受けることは、甲斐犬にとっても、飼う方にも負担が大きく、おすすめできないことです。

「仔犬のときに譲り受ける」こと。これが原則です。時期でいうなら、生まれて三十五日から四十五日以内が目安です。譲る側もよくわきまえておく必要があることですが、譲り先が近所だと、元気かどうかの気遣いもあって、つい行ったり来たりしてしまうものです。人の心理ですから当然ですが、賢い甲斐犬の仔犬は最初の飼い主のことも覚えていますから、どちらが飼い主か？と迷います。そんなことが原因で、なかなかつかない、ときには元の飼い主のところに戻っていってしまう……ということにでもなれば、新しい飼い主も気の毒です。

これも目安ですが、手放してから、十ヶ月ぐらいは心して仔犬の前に姿を見せないようにする――甲斐犬を作出する人間の配慮としておきたいことです。

◎血統書を確認する。

天然記念物「甲斐犬」は国で保存保護を認めた犬種ですから、仔犬を譲り受けたとき、犬種の裏付けとなる血統書というものが必ずついてきます。購入する、作出した方から好意で譲ってもらうなど、譲り受けた方法は問わず、血統書があることによって、その仔犬は「甲斐犬」という名前で呼ばれる資格を得ることになります。

この血統書は、甲斐犬の仔犬を作出した人が、甲斐犬愛護会に登録申請をすることによって、手続きがなされ、甲斐犬愛護会の名前のもとに正式に発行されるものです。

参考までに、わたしが持っている血統書を見本としてご紹介しますが、その犬の性別、毛色、登録番号、所有者の名前・住所から、代を遡って母父、祖父祖母、曽祖父曽祖母、元祖父母の四代に該当する犬の属性（牡牝、毛色、生年月日など）、作出者の名前と犬舎名・犬舎番号などが詳細に記されております。犬舎名というのは甲斐犬を作出する者の屋号にあたるもので、わたしを例にとれば、〈犬舎名／高畑犬舎、犬舎番号／四六七〉という記載がそれです。

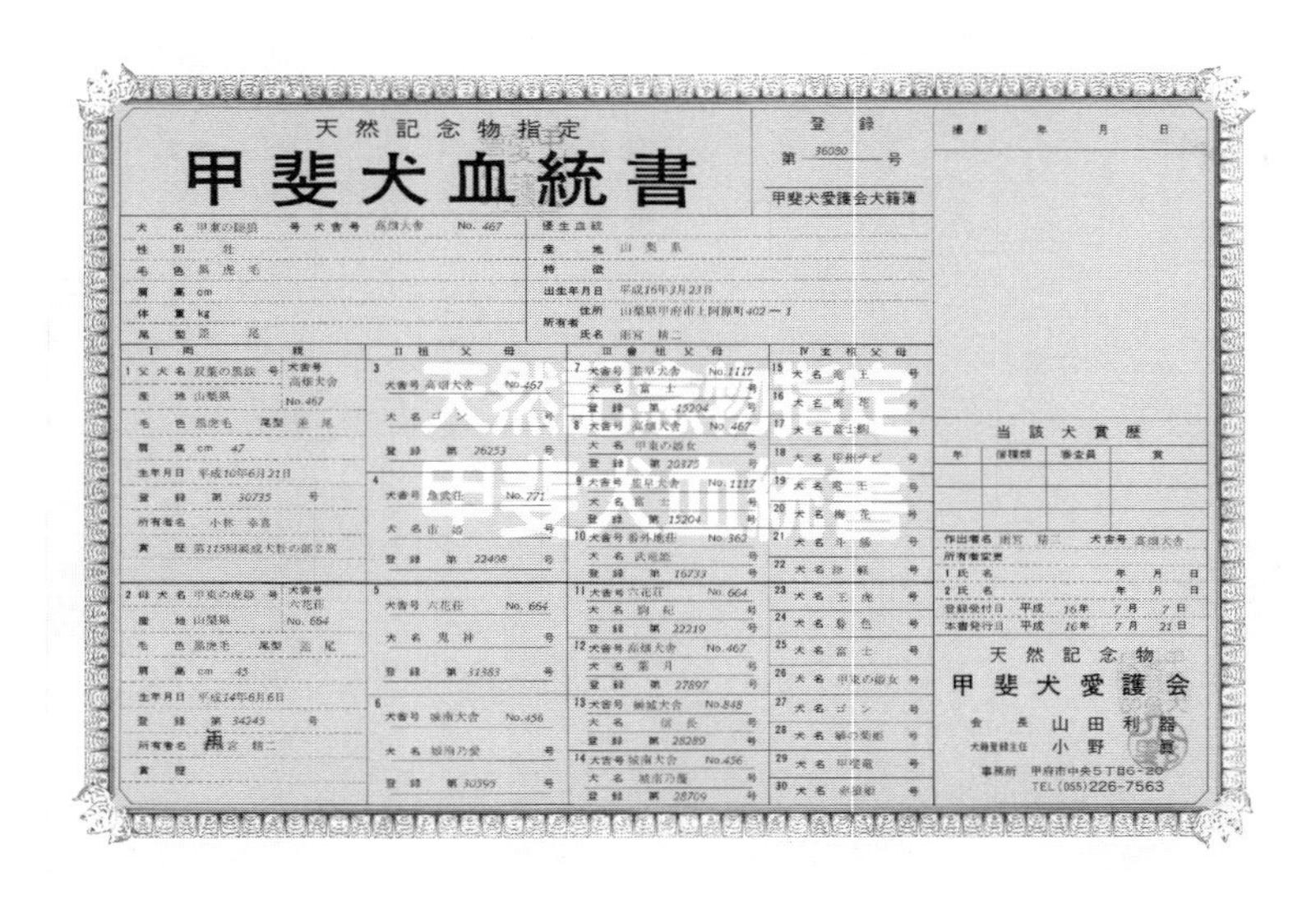

天然記念物指定
甲斐犬血統書
登録 第 36090 号
甲斐犬愛護会犬籍簿

犬名　号　犬舎号 高畑犬舎 No. 467
性別
毛色
体高 cm
体重 kg
尾型
優生血統
産地 山梨県
特徴
出生年月日 平成16年3月23日
所有者 住所 山梨県甲府市上阿原町402ー1
氏名

I 両親 / II 祖父母 / III 曾祖父母 / IV 玄祖父母

1 父 犬名　号 犬舎号 高畑犬舎 No. 467
産地 山梨県
体高 cm 47
生年月日 平成10年6月21日
登録 第 30735 号
所有者名
賞歴

2 母 犬名　号 犬舎号 六花荘 No. 664
産地 山梨県
体高 cm 45
生年月日 平成14年6月6日
登録 第 34245 号
所有者名
賞歴

撮影　年　月　日
当該犬賞歴
作出者名　犬舎号 高畑犬舎
所有者変更
1 氏名　年　月　日
2 氏名　年　月　日
登録受付日 平成 16年 7月 7日
本書発行日 平成 16年 7月 21日

天然記念物
甲斐犬愛護会
会長 山田利器
犬籍登録主任 小野
事務所 甲府市中央5丁目6-20
TEL(055)226-7563

先にもお話ししたように、どんなに姿形は甲斐犬そのままでも、血統書によって犬種としての保証がされていない場合は、正式には甲斐犬とは呼べない、というのが約束事です。当然ながら、血統書のない甲斐犬が親になってできた子どももまた、正式な犬種としては甲斐犬とは認められない、ということになります。

しかし、血統書があるかないかが問われるのは、主に犬種の保護保存に関わる現場でのこと。いまお話ししたことをご理解いただい上で、みなさんが個人として、飼育する場合には、血統書のあるなしは大きな問題にはならないことでしょう。

まれにですが、血統書がはたして本当かと、疑問をはさみたくなる場合があります。

たとえば、記載された犬の特徴（毛色など）が育っても出てこない場合です。こういうときは、血統書の発行元である甲斐犬愛護会に問い合わせていただければ真偽ははっきりします。書類は人が作るものですから、間違い、見逃しなどのミスも起こるものです。これは不思議と感じられたら、甲斐犬愛護会へお確かめになることをおすすめします。

仔犬を育てる。

さて、甲斐犬の子どもがやってきました。成犬の姿は、一見近づきがたいほど精悍で野生的な甲斐犬も、仔犬の頃は「可愛い」という言葉がまったくよく似合う姿です。幼犬時代の育て方で気をつけたいことをいくつかお話しします。

◎牝親が乳をあげなくなるまでは離乳食は与えない。

親の乳で育っているうちは親に任せておく、ということです。その段階で離乳食を与えると、内臓を壊すことがよくあります。幼犬のときに内臓を壊した甲斐犬は大きく育ちません。無理をしないことです。

◎満四ヶ月までは、鎖やリードをしないで育てる。

鎖やリードは仔犬の身体にも気持ちにも負担をかけてしまいます。小さいうちは、広い場所に連れていって、放して遊ばせてください。仔犬の甲斐犬なら、周囲も寛容に見てくれるでしょう。

◎予防注射を受ける。

当然のことですが、予防接種は仔犬のときから必要です。

◎歯を調べる。

欠歯がないかどうか、小さい頃に見てあげてください。時期の目安は、乳歯が永久歯に生え変わる生後六ヶ月から九ヶ月過ぎ。完全歯なら犬歯を含めて四十二本です。他の歯が永久歯に生え変わっているのに抜けずに乳歯が残っている場合があります。そのままにしておくと、歯の根元が細くなってしまうので、残っている乳歯は抜いてあげる。歯の状態の良し悪しは、先々の外観にも影響してきます。ていねいに確認したいことです。

◎睾丸を調べる。

これは甲斐犬の若いオスの飼い主の方へ。睾丸の数の確認です。外側に二個睾丸があるかどうか。系統の影響か、一個しかない場合、睾丸がない場合もあります。一個の睾丸でも生殖能力はありますが、遺伝から由来する可能性もあるので、配合に向かない犬とわたしは考えます。配合の観点からは、姿形の見栄えよりも、二個睾丸がある方が大事なことと思います。

◎しつけの時期は生後四ヶ月から。

生まれついての賢さを持っている甲斐犬にも、しつけは必要です。教えるべきことをしかるべき時期に教えることで、里でも山でも賢い本物の甲斐犬が育ちます。むだ吠えをしないしつけ（毅然とした態度と有無をいわせぬ声ではっきりと良し悪しを教えること）もこの時期にすることです。

しつけの仕方は他の犬種ととくに異なるところはありませんが、はじめて甲斐犬を飼う方は、できるなら経験豊かな先輩を見つけて、調教についてよく教示をお願いしてください。適切な指導を受けた犬は生き生きとして、迫力がついて、行動もよく、賢く見えます。わたしも駆け出しの頃、甲斐犬の作出者として素晴らしい実績をあげていた師匠、先輩方に恵まれ、実地で習い、実戦的な勝負も試みました。

相手はひとつとして同じ姿形はない生き物、まして野生の血が濃く、独立心の強い甲斐犬が相手ですから、頭に入れた知識だけの主人のいうことをおいそれとは聞いてくれません。経験と勘と人間性を兼ね備えた師匠（理想です）とみなさんが出会えますように。幸運だった一甲斐犬飼いの願いです。少しでも近い方がいれば幸運です。

◎嗅覚を鍛える。

四ヶ月ほど過ぎたら、積極的に運動に連れ出します。これも調教のひとつです。土のにおい、草のにおい、川のにおい、そして行き合う他の犬たちとの初対面のにおいの体験。尾を下げて驚き、牝親が一緒にいたら親の元へ飛んで戻ってきます。鳥、大型の牛や馬、と範囲を広げていきますが、三回も外に運動に連れ出すと色々なにおいを知り、他の動物にも慣れ、賢くなっていきます。

冬ならば雪の中に鼻先を突っ込み、夏ならば、水に飛びこんでいくほどで、これも「においい取り」に関連した行動です。

六ヶ月も過ぎますと、猟欲のある犬は動物を追います。狩猟にはなくてはならない行動で、名犬となる兆候です。

◎こういう食べ物は与えない――赤身の魚の骨や鳥の骨（尖ったもの）。塩辛いもの。

甲斐犬は本来雑食のたくましい犬です。成犬になれば何でも食べますが、十ヶ月前の仔犬には少々心配りが必要です。避けたいのは、骨付の赤身の魚、鳥の骨などの尖ったもの。仔犬に限りませんが、塩辛いものも甲斐犬には与えません。気をつけたいのは食べ物の与え方です。もう少し足してやろうとか気遣って、食べている最中に手を出すと反射的な反応が出て噛まれることもあります。皿に入れるなりして一度与えたら、食べ終わるまで手は出さないことです。

◎牝の仔犬が大人へ脱皮するのは七ヶ月ぐらいから（初潮の始まり）。

牝の場合、生後七ヶ月目ぐらいから初潮が始まり、牡より一足早く大人へと脱皮していきます（同じ時期の牡はまだ子どもです）。初潮が始まるということは、妊娠もできるということですから、飼い主は犬が勝手に交尾をしないよう気を配る必要が出てきます。散歩のときも「放さず」目の届く範囲に入れておくことです。

◎牡は生後十一ヶ月ぐらいから、大人への道を歩む（交配の能力が整う）。

牡の成長は牝よりも四ヶ月ほど遅いのがふつうです。若い牡が交配の能力を得るのは生後十一ヶ月ぐらいから。成長の早い牡なら、片足を上げて排泄をする（におい付けをして、なわばりを示す意味があります）のもこの頃からで、外貌も迫力が出て精悍な姿を見せるようになります。もちろん、けんかもします。

飼い主は馬鹿にされないよう、しつけにも真剣に取り組む時期ですが、しつけをするときには決して「えさでつらないこと」。態度と声で自分が主人であることをはっきり伝えることが大事なことです。

◎若い時期の過度な交配は避ける。

いま若い牡も生後十一ヶ月から交配ができるようになるといいましたが、交配は身体へ大きな負担をかけることでもありますから、若い時期にたびたび交配をすることは良いことではありません。身体と体力は一緒に成長しながら、やがて交配に適切な身体ができあがっていきます。

生殖能力はあっても成犬前の若い時期に交配が多いと、成犬の明け四歳（その年に満四歳を迎える犬の呼び方）になると気の抜けたような犬になってしまうことがあります。その雰囲気から〝ヌーボスタイル〟とわたしは呼んでいますが、簡単にいえば、老犬になってしまうということ。六歳ぐらいで交配能力が落ちてきてしまいます。

◎〝口移し〟の世話はしない。

仔犬のときは、あまりの可愛いさから〝口移し〟のようにして食べ物を与えたりしてしまうことがあるかもしれません。気持ちはよくわかりますが、愛情の表現だとしても、これは「良しとしない」世話の仕方です。甲斐犬の外での振る舞いを思い出していただければおわかりと思います。川の土手、草葉、公園、どこにいっても甲斐犬の鼻と口、舌は大忙しです。甲斐犬にとっては、食べ物も、他の犬や他の動物の排泄物も同じ関心事。腐っているものを食べることもあれば、泥水を飲むこともあります。外ではこっちはいいがあれはダメということもできないのですから、やはり気をつけるべきは飼い主。自分の身を健康に保つのも飼い主の仕事です。

◎「尻尾を持って吊り下げる」は虐待。やってはいけない最たるもの。

何の誤解か、仔犬の尻尾をつかんで逆さにして、可愛がっているつもりになっている人がいます。まったく誠にナンセンスな話です。たくさんの骨、関節、筋肉、神経が束になっているのが甲斐犬の尻尾、その役割の重大さは尾についての話の中でも触れた通りです。

生まれて間もない甲斐犬の仔犬の身体は、まだできあがっておらず、つなぎも柔らかい、つまり、小さな力でもちぎれてしまう春のつくしやすぎなと同じで、形が変わる可能性を持っている状態なのです――と、お話しすれば、仔犬の尻尾を持って逆さにすることのナンセンスさをわかっていただけるでしょうか。生まれついての自然的尾型が変わってしまうこともあるのだから、と自分の師匠からも強く戒められたことをいまでもよく覚えています。

成犬時代を迎えて～ふだんの世話から配合、出産まで～。

成犬になると、飼い主の意向によって、甲斐犬のあり方にも変化が生じてきます。展覧会を目指す甲斐犬か、猟犬として腕を磨く甲斐犬か、あるいは、番犬か……方向によって、姿形の磨きにより心を砕くか、気質と身体能力を重く見るか、飼い主の目のつけどころも変わってくるものです。

それぞれを専門的に語る機会は改めるとして、ここでは、全体を見渡す広い見地から、成犬になった甲斐犬をふだん世話するとき、配合するとき、出産に際してのことを、少々お話ししたいと思います。

◎〝山へ引く〟ことで甲斐犬らしさをさらに磨く。

外飼いの犬である。この一言で十分にご理解いただけると思いますが、野山で駆け回っていた山犬時代、ブチ毛時代を元祖とする甲斐犬です。甲斐犬らしい精悍な外貌、その忠実無比な気質をよりよい形で育てたい、引き出したいという方は、ぜひ、機会をみて、自然の野山の空気を吸って遊べる機会をつくってください。猟師たちの言い回しで山へ犬を連れていくことを〝山へ引く〟といいますが、まさに甲斐犬は〝山へ引かれる〟ことで、自分がどこを故郷にしてきた犬か、本性がどこにあるかを知るのではないかと思います。甲斐犬の本性の目覚めを促すには、やはり〝山へ引いてみる〟ことがいちばんです。

◎「けんか」をどう見るか。

前章でお話ししたように、自分の三倍もある猪にひるまず立ち向かう気概を持つ犬が甲斐犬です。闘争心の強さは優秀な甲斐犬であればあるほど持ち合わせているものです。それだけに、街中や川沿いの散歩中の、他犬との出会い方にはよく注意が必要です。

闘争心が強いから自分から仕掛ける、というのではなく、むしろ、自らは仕掛けることはないのが甲斐犬ですが（気のはやった若い犬の場合は別です）、仕掛けられたら間髪いれずに応じるのも甲斐犬です。

相手の大型、中型問わず立ち向かいますから、「ことが始まらないように配慮する」のが飼い主の務めともいえます。とくに牡犬を持つ飼い主に求めたい心がけです。一触即発の場面になったとしても主人の意思をよく受け取る甲斐犬なら、次の一歩を踏みとどまる力を持っているはずです。ふだんの調教がよく出る場面でもあります。

もっとも、甲斐犬が服従的になりすぎて、闘争心を見せなくなるのも問題です。典型がすぐにゴロンと横になって〝腹出し〟する甲斐犬です。〝腹出し〟は服従や甘えを示すことですが、「野生を失った甲斐犬」とみて、師匠もわたしも残念に思ってきました。生後七ヶ月ぐらいに、荒療治ですが調教で腹出しをしないよう教えることはできます。くわしくは経験豊かな先輩にお聞きになって、みなぎる闘争心を持ちながらも主人の命によって自制が効く、理想の甲斐犬をぜひ育てていただきたいと思います。

◎「においが気になるときは。

甲斐犬は格別体臭の強い犬種があるとはいえませんが、何かの理由でどうしてもにおいが気になることもあります。皮膚病の場合も考えられますが、肛門嚢ににおいの元が溜まりすぎて生ずるにおいもあります。

三十年ほど前、その頃は二十六頭の甲斐犬を飼っていたのですが、そのうち牝の二頭だけから強烈なにおいがするのです。

「肛門のにおいの袋を抜いてみろ」

大先輩に相談したところ、返ってきた答えがこれでした。

縄張りを示すためのにおいを発生させる液体を溜めている肛門嚢（師匠はジャコウと呼んでいました）という袋を甲斐犬は持っているのですが、その袋に液が溜まりすぎると悪臭を放つことがあるというのです。

先輩から教えられた手順で肛門嚢と取り出したところ、見事に悪臭は消えました。においが気になるときの対策として、覚えておくと役に立つかもしれません。肛門嚢の取り出しは、経験豊富な先輩か、獣医師に相談してください。適切な対処法をご存知だと思います。

◎もっとも残酷な飼育とは「〝たらい回し〟の飼育」「野良にしてしまうこと」。

よんどころない事情があったから――聞けば、みなさんそう口を揃えることだろうと思いますが、壮犬（成犬前の若い犬のこと）や成犬になった甲斐犬を無責任に手放すことは、甲斐犬にとってはもっとも残酷な飼育の仕方です。一代一主を旨とする甲斐犬です。たらい回しされるように、飼い主が変わることで、主人を信頼しなくなります。犬なりに、飼い主が自分に対して思う気持ち、情感がないことを悟ると、たとえ、生まれたときから一年二年、四年と育てた犬であっても、見切りをつけてある日ふっと姿を消すこともあるのが甲斐犬です。それは、一代一主を旨とする甲斐犬だからこその、やむにやまれぬ行動とわたしは理解します。

「たらい回しにすること」「野良にすること」

どんな理由があるにせよ、思いとどまって何か方策を考えていただきたい。強くそう願います。

◎配合の前に考えたいこと。

簡単に箇条書きに並べてみます。

・種犬選び――賞歴にこだわらない

賞歴よりも、その種犬から生まれた子どもをよく見ることです。賞歴とは関係なくよい子を出す種犬はいます。賞歴という色眼鏡に惑わされずに犬をよく見ること。牝犬をお持ちの方にはとくに大事なことです。

・種犬の持ち主についてもよく知ること

種犬育てた人の経験が語ること、教えてくれることも多くあります。過去にどんな犬を作出してきたか、展覧会用か、狩猟用か、型は中振りか、大振りか、血統はどうか。こうした目の前の犬だけを見ているだけでは見えてこないことに目を向けることで、自分の犬との相性なども考えることができるようになります。

・生まれた仔犬の欠点も受け入れること――とくに牝犬をお持ちの方へ

実際にあったことですが、生まれた仔犬に欠点があるのは種犬のせいだと喧伝した牝犬の所有者の根拠のない、一方的な発言が影響力を持ってしまったことから、その犬の〝種犬生命〟が絶たれてしまったことがあります。配合はつねに良い結果を期待して行われるものですが、配合の結果は人の力を超えた自然からの賜物です。作出する人間は、いつもこのことを胸に刻んでおかなくてはならない、そう思います。

◎お産は母犬に任す。

人によって考え方の違いはあると思いますが、わたしは「お産は母犬に任す」ことにしています。「ブチ毛」は元は山犬です。厳しい自然の野山で、負けずに生き残ってきた強い仔犬たちが、その血筋を甲斐犬へと引き継ぎ、いまがあると考えれば、お産も甲斐犬の仔犬にとっては最初の試練。その試練を自力で乗り越えてほしい、そう願ってのことです。お産は母犬にとっても、ひとつの試練ですが、発情して落ち着きのなかった犬でも、お産を経験して母犬になると、賢さと落ち着きを取り戻します。

◎妊娠の兆候の取り方。

交配から、十二〜十五日過ぎたあたりで、腹部を前後に探ってみてください。妊娠している場合は、丸い球状がつながっている感触が伝わってきます。〝丸い球〟の感触が何を意味するのか、科学的なことはわかりませんが、経験からは妊娠の兆候であることは間違いない、と断言できます。甲斐犬の妊娠期間はほぼ二ヶ月です。それより四、五日も遅れると安産にならない可能性が出てきますが、さて、そこでどうするか。人が手助けをするかどうか。人それぞれに考え方があるとは思いますが、わたしは結果はどうあれ、「最後まで自然に任せる」やり方をとってきました。それはこれからも変わりません。自力で生き抜く力を持った強い子が命をつないできたからこそ、いまのブチ毛、甲斐犬があるのです。そういう自然の力、摂理というものを大事にする。それがわたしの考え方でもあります。

◎乳房と乳首と仔犬の数。

乳首は、胸より後方へ左右に五対、全部で十個。まれに六対、十二個の場合もありますが、野性時代の名残かと推測します。先にもお話ししたように、乳離れするまでは離乳食は与えないことです。早い仔犬は、三～四週間で乳ばなれの時期を迎えます。おもしろいのは、授乳中、母犬は仔犬の排泄物を食べる習性があること。仔犬が離乳食を食べ始めると、母犬も仔犬の排泄物を食べなくなります。離乳食は、母と子がこれから別々の道を歩み始めるよ、という印でもあります。

六匹から九匹。これが最近の甲斐犬の平均的な子どもの数です。仔犬の数より乳首の数が多いのは、もっと数多く子どもを産んでいた野生時代の名残りでしょうか。授乳期に気を配りたいのは、母犬の乳の出方。乳の出の悪い母犬は授乳を放棄してしまうこともあります。乳は食べ物ですから、ここは人が多少手助けして、母乳に代わるものを用意してもよいかと考えます。

◎ある実験。自然の野山で母犬は遅れをとった仔犬をどう扱うのか？

これは余談です。あるとき、実験のつもりで、生後三、四ヶ月の乳離れをしたばかりの仔犬六匹を、母犬と一緒に雑木林や山に引いてみました。母犬の足取りに負けずについていく子、遅れをとってしまう子、さまざまです。

さて、こういう状況で母犬はどうするのか？——と、とりあえず仔犬には手助けせず見ていると、母親や遅れをとった子を気にすることなく、たまに振り向くだけ。結局、六匹のうち母犬に付いてきた仔犬は二匹でした。

はたして、すべての甲斐犬の母犬がこうした行動をとるものかはわかりませんが、自然の山の中で仔犬を育てるということは、こういうことなのかもしれない、と考えさせられた実験でもありました。

むすびに代えて
甲斐犬を愛するみなさんへ

黒虎の仔が噛んでいるのは猪の皮。子どもの頃からこうして猟欲を引き出す調教をすることで、優れた猟犬としての資質が目覚めてくる。

道楽の〝道〟は案外奥深いもので、〝ここで終わり〟という看板がこの道には立っていないものなのかもしれません。みなさんにお付き合いいただいた甲斐犬の話も語れば語るほど語り足りない、尽きぬ思いはありますが、ひとまず筆を置くところまでやってまいりました。だいぶ細かなこともお話ししましたので、最後は少し脇道に入った話でご容赦願います。脇道といっても、〝甲斐犬の道〟はそのままですが。

甲斐犬がくれた〝家宝〟。

どの御宅にも何かしらはあるといわれる〝家宝〟というもの、実は、我が家には甲斐犬にまつわる〝お宝〟があるのです。

「どうやって手に入れた？」と、甲斐犬の飼育仲間たちからは羨ましがられているこの〝お宝〟、何かというと、Tシャツです。まだ一度も袖を通したことがありません。自分の身体に合うかどうかもわからないまま、長いこと新品のまま透明な袋に入っているこの〝家宝〟、ささやかながら由来があります。

みなさんは、『銀牙』という漫画、ご存知でしょうか。

はじめて本になったのは三十年近く前のこと、当時は大変に人気がありました。犬が主人公、それも山に置き去りにされた狩猟犬が主人公という珍しい漫画で、銀牙の銀というのは主役の秋田犬の名前です。この物語の中に甲斐犬が三匹出てくる——と言えば、なぜここで漫画の話か、勘のいい方ならこの先の話はもうおわかりかもしれません。

赤虎、中虎、黒虎——甲斐犬の毛色は大きく分けるとこの三種類になる、ということは先にもお話ししたことですが、この毛色の区別をそのまま名前にもらった甲斐犬の虎毛も三兄弟として活躍する、そんな筋書きです。

この漫画の作者は高橋よしひろ先生といって、いまも活躍されていると聞いておりますが、本が出始めた頃、ひとつどうにも気になったことがあり、不躾とは承知しながらも思い切って高橋先生宛に資料とともに手紙を差し上げたところ、返信の自筆の手紙と一緒にこのTシャツ（漫画の絵柄が印刷された特別製です）が送られてきたのです。以来、高橋先生の手紙とこのTシャツが我が家の〝家宝〟に（人にはそういう言い方はしたことはありませんが）なったというわけですが——これだけでは腑に落ちない方もおられるでしょうか。

なにしろ、こちらから出した手紙というのが曲者でありました。高橋先生の描く甲斐犬の様子が本物と少し違うのではないか、尾の格好がどうにも納得できない、甲斐犬を描くなら本物を描いてもらわんと……ということですから、出した自分が言うのもなんですが、穏やかではありません（そうは思いながらも、違うものは違うといわずにはおれない、これも甲斐犬に惚れた道楽者の性でご容赦願うしかありませんが……）。

漫画を描く仕事にはとうてい比べられるものではありませんが、甲斐犬の作出も、ものづくりといえばものづくり。わたしの生業も同じ（というと、おこがましいことですが）、長年やってきた板金の仕事も、一枚の板金からドアやらボンネットやら車の部品をなんでも作る仕事ですから、ものづくりをされる方のご苦労と思いは多少なりとも拝察できるところです。ささいなことであれ、横槍を入れられて気持ちを崩さぬ方は大したもの、と思います。

どこぞのだれとも知らぬ一甲斐犬飼いからの〝物言い〟を受け取ったときの高橋先生、さて、いかがな心境であったろうか、と思うばかりですが、とにもかくにもその不躾に対して丁寧に手書きした手紙を添えて応えてくださったのが高橋先生の器、ありがたいことだと思います。

「甲斐犬らしさ」を生み育ててきたもの。

ところで、この高橋先生から頂戴した手紙を、拙著をまとめるにあたって読み直したところ、わが意を汲んでくださっていたことに感慨を新たにしました。

手紙から言葉をお借りします。

〈……先日は大切なお写真、貴重な資料をお送りいただきましてありがとうございました。本物の甲斐犬は絶滅しているのではないかと心配しておりましたが、写真を拝見して安心致しました。まさに本物ですね……これからも野生を失わない強い甲斐犬を育ててください。……〉

野生を失わない本物の甲斐犬の姿――これぞまさに、この本を通じてみなさんにお伝えしたかったことです。先にも語りましたが、野生時代からの〝自然体〟を受け継いでいるのが本物のブチ毛、甲斐犬です。〈古武士のような〉甲斐犬に魅力を感ずるということも高橋先生は手紙に記されておりましたが、こうしたいわゆる「甲斐犬らしさ」というものは、甲斐犬の野生が自然な形で発揮されるにふさわしい本物の自然が共にあってこそ、受け継がれ、受け渡されていくものです。

日本の四季、甲斐の野山という自然がなければ、甲斐犬の姿ははたしていまのようにあったかどうか。

「ブチ毛は本場で飼え」と言った師匠の言葉もここにつながることであろうと思います。本場で飼うから甲斐犬らしい甲斐犬が育つのだ、つまりは、本場の自然が本物の甲斐犬を育てるのだ、と。縄文らしさをいまに伝える土地だとも言われる甲斐の国がなぜ甲斐犬の本場になったのか、そのことを考えよ、ということでもあるでしょう。

そうしてみると、〈野生を失わない強い甲斐犬を育ててください〉といわれた高橋先生の言葉を、当時から三十年も先に進んだいまの時代、あの頃とは自然の姿形が違ってしまった時代に噛み締めてみると、味わいがまた違います。

「本物の甲斐犬を育てよ」とはすなわち、「甲斐犬にとっての自然を大事にせよ」でもある、と甲斐犬作出をするわれわれは叱咤されているのかもしれません。

「もったいない」の根っこ。

もったいない——日本人はよくこう言います。狭い島国の自然から恵みをもらって生きてきた日本人らしいことです。「自然を大事にする」と「もったいないと思うこころを育てる」の根っこは実は同じ、自分の目にはそう映ります。

この「もったいない」を世界に広めてくれた人がいるとあるとき話題になりました。それが日本の人ではなく遠いアフリカの女性だと聞くと、なるほど世界は広いが広くて狭いのも世界、と感じ入ります。偉い人が世界にはいるものです。

この方、ワンガリ・マータイさんは——甲斐犬を飼育している方、動物好きの方はもちろんご存知だと思いますが、ノーベル賞も受賞した環境保護活動家、政治家です。日本の文化を良く研究されて日本政府から旭日大綬章を受けられたと聞きますが、この方の言うことは本当にその通り、いまこの偉大なる大地球に生命を受けた動植物というのは〝大自然の神よりの預かりもの〟と思います。

ブチ毛も人間も同じです。

去勢とクローンと都々逸と。

この〝預かりもの〟の命を左右するようなことを、人間がやっていいものかどうか。

考えるべきことがあると自分は思います。数ある中で、自分が思うのは二つのこと、去勢とクローンのことです。

昔と違い、地面のある家ばかりではありません。マンションのような造りの家で飼育するには去勢するしかない――そういう事情はあることでしょう。ただ、この地球に生まれた動物と人、〝大自然の神よりの預かりもの〟ということでは同じ生き物。それを、子もとらずして去勢する――。そういう向きがあることはみなさんもご承知だと思いますが、さてどうでしょうか。

話は飛ぶようですが、昔、「これは甲斐犬の飼育と通ずることだ」と心にとまった思い出をひとつお話しします。

「娘十六どうせ死ぬなら、孕んで死ね」

あるとき寄席で聞いた都々逸(どどいつ)です。東京で働いていた頃ですから昭和三十五年頃のことだったでしょうか。少々品のないところは目をつぶっていただいて。これを聞いたときには正直、「うまいことを言うもんだな」と思ったものです。

広く一口に言うなら、やけになり自分を追いつめてはいけませんよ、と。そういう論しです。世の中悪い事ばかりじゃないんだから、好きな相手と一緒に添えなかったからと言って死ぬなんてことを考えるな、目を向けるところ変えれば相手を選ぶ目も変わる。

そこには子孫繁栄ということもある。一度の生をうけた人生をうまく生き、プラスになるように考えろという――。

当時の自分にはまったく思いもよらない〝社会学〟(男女のことではありますが)でした。


さて、この話が甲斐犬とどうつながるか。

みなさんには先刻ご承知、言わずもがなですが、あえていえば、血統、血筋、体型、性格、一発型、毛色……どれを選んで飼育するかは主の自由。しかし、人間の自由もそこまでにして、一度は繁殖にあげて、子を取って、命をつなげていく、ということをしてもらいたいのです。子孫を残すということです。この地球に生を受けた生き物として人も動物も同じです。それでないと地球に生きた甲斐がありません。


一回仔犬を取ってからでも去勢は遅くはない、自分はそう考えます。

しかし、子を一度もとらずに命のつながりを切ってしまう、そんなことを片手でしながら、残った片手で命の模造品を造ろうという……昔なら考えただけで済んだことが、技術が発達してそれができる世の中がやってきました。大地球に生きる生き物を粗末にしてはならぬ、これぞ動物の浮き世の〝掟〟――大先輩に教えていただいたこの考えを

〝文殊の知恵〟と思う自分ですが、このクローンというもの、はたして「生き物を大事にするこころ」から出たことでしょうか。

親犬から仔犬へ、繁殖を通じて優良犬をつないでいく。これが天然記念物である甲斐犬を作出する仕事、甲斐犬保存団体の意義と考えると、そんなつまらない事をする犬飼いはいない、と思いますが――と、原稿用紙に書いたのはしばらく前のことで、この本の原稿を読んでいただいた編集の方から「いやいや、韓国では実際にクローン犬が造られ、いまやそれがビジネスになっているんですよ」と聞いたのは、最近のことです。

それにしても、一千万円で愛犬のクローン犬を造るという……人間の知恵は止めようがないのかもしれませんが、犬道楽にも掟あり道理あり、道理をこえると信頼をなくす。そういうあたりまえのことがわからないで、甲斐犬の作出なんてことができるのか。あたりまえのことがあたりまえに通ずる世の中であるように。そう願うばかりです。

「甲斐犬らしさ」が愛情だけでは育たない訳。

「どういう育て方をしたらいいでしょうか?」

はじめて甲斐犬を飼うことになった方からこう聞かれることがありますが、ひと言でいえば、「甲斐犬らしく育ててやってください」ということです。

この本でお話ししたようなことを参考にされて——もちろんその方その方の事情がありますから事情の許す限りのところでということになりますが、「甲斐犬らしさ」を殺さないように育ててもらえばそれで結構ではないかと思います。野山がなければそれはそれで、街中でも少し広いところで遊ばせるとか、工夫していただくといいのではと思います。

人間ですから情の入った物事は大事にしたくなるものです。甲斐犬の仔犬の可愛いらしさはまた格別ですから、可愛い可愛いと大事にする、愛情深く接するということになりがちですが、しかし、それでは「甲斐犬らしさ」はうまく育ってくれない。愛情をかけることと、甲斐犬独特の気質を育てることを取り違えないことも大事なことだと思います。

中には、いろいろな動物を一緒に飼っている方もいらっしゃるかもしれません。たとえば、犬なら、いろいろな犬種を一緒に飼う。それは好みですから是非を言うことではありませんが、こういう方にありがちなことが、どの動物も同じような育て方をしてしまう、ということです。象も馬も犬も同じように自分の言うことを聞くようにしたいと、同じような可愛がり方、育て方をしてしまう。

他の動物のことはさておきますが、こういう育て方は甲斐犬には絶対にやらないでいただきたい。このことははっきりと申し上げたい。動物にはそれぞれ持ち味というものがあるのです。同じ犬でも犬種が違えば気質も違い、何を行動の欲とするかも違います。この違いを上手に引き出し育てるには、その犬種に合った育て方というものがあるのです。

甲斐犬なら、仔犬から成犬になるまでの間の適当な時期にいわゆる「猟欲」を引き出すような調教をやることによって、「甲斐犬らしさ」が形になってくる。それは実践をやらない人にはわからないことです。

くれぐれも、甲斐犬が本来持っている気質の違いをよく引き出すような育て方をお願いいたします。

ぜひとも、みなさんのお力をお借りして、高橋先生も言う「古武士のような本物の甲斐犬」、「甲斐犬らしい甲斐犬」を絶やさず増やしていきたいものだと思っております。

さて。甲斐犬、ブチ毛のこととなると、それこそ三日三晩語り合っても苦にならないもので、仲間が訪ねてくると酒も話も夜を徹して、ということもよくありました。師匠のすすめもあって、毎日の仕事の後、あれこれと由無し事を書き綴っているうちに、一月が一年になり五年になり十年をこえ、さてどうしたものか、と思い始めた頃に、本のお話をいただいて、こうしてみなさんにお見せできることになったのは本当に有難いことです。

なにぶんにも素人の語りですから、拙いところ、理解の足りないところは、ご容赦を願いたいと思いますが、拙い中にも自分なりの戒めはありまして、「のようだ」とか「そうらしい」といったあやふやなことを、語ったものはひとつもありません。甲斐犬の髄、本当の姿というものは、長年の実践なくしては語れない。そう思い、自負ともしている自分です。そのぶん強い語りになっているところもありますが、三百五十頭は下らない本物の甲斐犬を作出してきた犬飼いの実践が下地です。意を汲んでいただいて、ご寛容願えたらと思っています。

この本をお読みになってはじめて甲斐犬のことを知った方、興味を持たれた方、あるいは、長く甲斐犬を飼っているんだがもっと本当のところを知りたいという方、さまざまいらっしゃるかと思います。

あくまで独学の実践勝負の犬飼い者ですが、甲斐犬のことなら、多少はお役に立てるかもしれません。

どうぞ甲府にお越しの際は、ご遠慮なく、仔犬選びのことでもなんでも聞いてください。

甲斐犬の本場でお待ちしています。

謝辞

犬飼い者には御三家あり。造る人（作出者）、はかす人（売る人）、しゃべる人（語る人）。この〝三揃い〟をひとりでこなす犬飼い者はプロ、アマ問わず、少ないものだ――そう師匠から聞いたことが、思えばこの本の始まりで、ならば自分も語りをこなしてみようかと綴ってきたことが元にはなったわけですが、いざ本にするとなると、ひとりではとてもできないこと、本造りにも〝三揃い〟ありと知りました。

謝辞も〝三揃え〟にあやかって申し上げれば、その一は、やはり、この頑固一徹の甲斐犬好きを仲間として薫陶をいただいた甲斐犬愛護会の諸先輩方と朋友へ、ということになるでしょうか。現会長の横森照雄氏、故橋爪信氏、故保坂富雄氏、会員のみなさまにはこの場を借りて厚く御礼申し上げる次第です。

二つめの御礼は、重ねてのことになりますが、一犬飼いに実践の記を書くようすすめてくれたばかりでなく、ひたすら辛抱強く見守ってくださった七沢賢治さんへ、そして、見守るということでは賢治さん以上に温かなお気持ちをいつも送ってくださった奥様の久子さんと、お嬢さんの清子さんと真樹子さんへ厚く申し上げなくてはなりません。家内がお嬢さんたちの乳母役兼ねて七沢さん宅へうかがっていた頃のことは、つい昨日のことのようです。おこがましいことですが、この本がご恩返しのひとつにでもなればと願ってもおります。

三つ目の御礼は、わたしの達者な（冗談です）原稿を読みこなし、内容を詰めて磨いて、何度も何度も拙宅に足を運んでいただいた和器出版編集部の方々、山咲梓さん、岩井友子さんへ。本造りの裏方をされる方々の丹念な仕事を目のあたりにさせてもらいました。こうして本という形まで届いたのは、本当にみなさんのおかげと感謝いたします。これを縁のはじまりとして、いつでも遊びにいらしていただきたいと家内ともども願っております。

さて、謝辞の〝三揃い〟にも蛇足あり、とお許しいただいて、もうひとつだけ。

「この人がなければいまの自分はなかったか……」と考えることはみなさんもおありかと思いますが、自分に引きつけていうなら、やはり、いまは亡き我が師匠であり祖父である雨宮久雄がその人であったかと思います。存命であれば、真っ先に本を見せることになったでしょうが、はたして、喜んでもらえたか、この程度か！と一喝されたか……そんなことも想いながら、本当にありがたい叱咤激励であったと懐かしく思い出します。

最後の謝辞は私事になりまして恐縮ですが、〝甲斐犬命〟のわがまま勝手な人生をここまで貫いてこれたのも、家族あってのこと。身内に襟を正して、というのも面映いのですが、せっかくの機会ですのでこの場をお借りして、まずは同じ家で育った兄弟姉妹、兄の昭仁（故人）、妹の美喜子、弟の昭美、孝夫にもろもろ含めての御礼を。拙い昔語りですが、懐かしく思ってもらえたらと思います。妻の節子を七沢家に紹介していただいた縁戚の古屋貞子さん、ありがとうございました。我が家では、娘の清美、清枝、息子の尚幸、そして妻の節子へ。酔狂を大目に見てもらったからこそのいまの自分です。ありがたいの一言です。そして、いちばんの身内である、一時も途切れることなくともに暮らしてくれた代々の甲斐犬に。まだまだ続く話ではありますが、ひとまずの感謝ということで。

さて、みなさん、これからも末長く、甲斐犬のことを〝甲斐犬らしく〟可愛がってやってください。

一犬飼いからの、ささやかな願いです。

雨宮精二（あめみや・せいじ）
昭和12年（1937）、山梨県西山梨郡玉諸村（現在の甲府市）に生まれる。生家は代々の〝ブチ毛飼い〟農家（天然記念物指定前の甲斐犬の地元での呼び名）。著者は数えて五代目の〝甲斐犬飼い〟にあたる。ブチ毛、甲斐犬の生き字引と呼ばれた祖父（故・雨宮久雄氏）の厳しい指導と薫陶を受けながら、これを生業としない純粋の甲斐犬作出者となって70余年、「理想の甲斐犬の姿と形」を師匠と二人三脚で追い求めてきたそのオリジナリティあふれる研究の一端がはじめて本書を通じて公に触れることとなった。甲斐犬の有り様にさまざまな影響を与える飼育法、配合法に関する詳細な研究はもちろんのこと、これまでの甲斐犬史においてほとんど語られることなかった「ブチ毛の姿がそこかしこに見られた昭和前期の旧甲州街道沿いの風景」についての言及も、天然記念物甲斐犬の前史に新たな事実を加えるものとして、注目される。
これまで手がけた甲斐犬の作出頭数は350余り(短命も含む)。天然記念物甲斐犬の正式な作出者であることを示す犬舎名(甲斐犬愛護会内に登録されている)は「高畑犬舎」。天然記念物指定甲斐犬愛護会会員。

◉天然記念物指定甲斐犬愛護会展覧会（甲斐犬愛護会主催）における受賞歴
第61回（昭和50年）　成犬牡の部 三席／五郎号
第74回（昭和56年）　成犬牡の部 三席／竜王号
第88回（昭和63年）　成犬牝の部 二席／ 姫号
第89回（平成元年）　総合優良犬の部　準優勝／姫号
第91回（平成2年）　壮犬牝の部　五席／甲東の姫女号
第92回（平成2年）　総合優良犬の部 準優勝／甲州チビ号
第95回（平成4年）　成犬牝の部 三席／甲東の姫女号
第99回（平成6年）　壮犬牝の部 三席／甲東の精女号
第102回（平成7年）　壮犬牝の部 三席／甲東の精天号
第104回（平成8年）　成犬牝の部 四席／甲東の精天号
第105回（平成9年）　未成犬牝の部 三席／甲東の安室号
第106回（平成9年）　成犬牡の部 五席／ゴン号
第109回（平成11年）　成犬牝の部 一席／市姫号

甲斐犬の神髄、ここにあり。
2017年 7 月26日 初版第1刷発行

著　者　雨宮精二
発行者　木村田哲也
発行所　和器出版株式会社
住　所　〒102-0081 東京都千代田区四番町3番　MKビル5F
電話／FAX　03-5213-4766
メール　info@wakishp.com
ホームページ　http://wakishp.com/

装幀　松沢浩治（ダグハウス）
イラスト　岩井友子（甲斐犬と地図）　斉藤弥世（第二章 第四章）
編集協力　山咲梓
印刷・製本　シナノ書籍印刷株式会社

ISBN:978-4-908830-08-2